# COMPLÉMENT

## DES

# ÉLÉMENS DE GÉOMÉTRIE.

IMPRIMERIE DE HUZARD-COURCIER,

RUE DU JARDINET-SAINT-ANDRÉ-DES-ARCS.

# ESSAIS

## DE

# GÉOMÉTRIE

## SUR LES PLANS

## ET LES SURFACES COURBES;

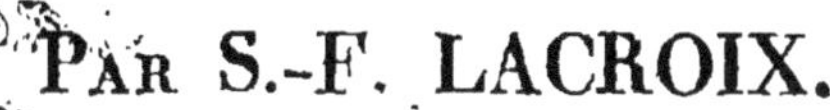

*(Élémens de Géométrie descriptive.)*

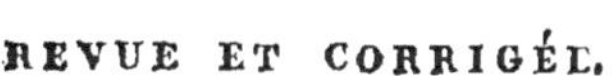

## Par S.-F. LACROIX.

## CINQUIÈME ÉDITION,

REVUE ET CORRIGÉE.

**PARIS,**

BACHELIER, Libraire, successeur de M^{me} V^e COURCIER,
quai des Augustins, n° 55.

1822.

# AVIS DU LIBRAIRE.

*Les rapports de ce Traité avec les* Élémens de Géométrie, *auxquels il fait suite, sont développés dans les* Essais sur l'Enseignement en général, et sur celui des Mathématiques en particulier, *publiés par l'Auteur.*

---

*Tout Exemplaire du présent Traité, qui ne porterait pas, comme ci-dessous, les signatures de l'Auteur et du Libraire, sera contrefait. Les mesures nécessaires seront prises pour atteindre, conformément à la Loi, les fabricateurs et les débitans de ces Exemplaires.*

# TABLE DES MATIÈRES.

## PREMIÈRE PARTIE,

### *Où l'on considère les Plans et la Sphère.*

# SECONDE PARTIE.

**FIN DE LA TABLE DES MATIÈRES.**

*AVIS nécessaire pour l'intelligence des renvois aux figures.*

*N. B.* Pour rendre moins diffuse la nomenclature des renvois aux figures, on a employé quatre sortes de lettres : des capitales droites, des capitales penchées, des petites romaines et des italiques. Les deux dernières sortes sont toujours aisées à distinguer entre elles ; le lecteur prévenu saisira sans peine la différence des capitales droites aux capitales penchées. La destination de chacune de ces espèces de lettres est expliquée dans le n° 8.

# COMPLÉMENT

## DES

## ÉLÉMENS DE GÉOMÉTRIE.

## PREMIÈRE PARTIE,

*où l'on considère les Plans et la Sphère.*

### NOTIONS PRÉLIMINAIRES.

J E vais commencer par exposer en détail la manière dont on peut représenter, à l'aide de plusieurs plans, les différentes parties de l'espace, et en faire connaître les dimensions.

1. La position d'un point sur un plan est **donnée** toutes les fois qu'on connaît celle de deux lignes qui passent par ce point, puisqu'il ne peut être qu'à leur intersection.

Lorsqu'on a plusieurs points à désigner, le moyen qu'on emploie le plus communément dans les constructions, et qui paraît le plus commode, consiste à prendre deux lignes AB, AC, perpendiculaires entre elles, et auxquelles on rapporte tous les points du plan. Le point M, par exemple, serait donné de position, si on

Fig. 1.

Fig. 1 connaissait sa plus courte distance à la ligne AB et sa plus courte distance à la ligne AC. En effet, si l'on prend AQ égale à la première, et qu'on mène QM parallèle à AB, le point proposé sera sur cette ligne ; il sera pareillement sur PM parallèle à AC, et qui en est éloignée de la quantité AP, distance du point M à cette dernière ; le point proposé étant commun aux deux lignes QM et PM, sera donc leur intersection M.

De cette manière, on peut rapporter un dessin sur un autre plan, en établissant des directrices telles que AB, AC, et en mesurant les distances des points proposés à ces lignes ; il faudra seulement prendre ces directrices en dehors du dessin, ou remarquer de quel côté tombent les points que l'on considère.

2. Lorsqu'on embrasse les trois dimensions, ou qu'on veut faire connaître les corps, on suit une méthode analogue à la précédente, et qui est employée par les architectes et les constructeurs en général ; c'est celle des *plans*, *profils* et *élévations*, et dont voici l'esprit.

Lorsqu'un point est donné dans l'espace, on peut abaisser de ce point une perpendiculaire sur un plan, et marquer le point où le plan est rencontré par cette perpendiculaire : ce dernier sera la *projection* du premier sur le plan dont il s'agit ; la longueur de la partie de la perpendiculaire, interceptée entre le point et le plan, sera la *hauteur* du point donné au-dessus du plan.

Supposons, pour fixer les idées, qu'on rapporte à un plan horizontal tous les points situés dans l'espace au-dessus de ce plan ; leurs projections se trouveront aux points où un fil à-plomb partant de chacun, rencontrerait le plan dont il s'agit ; et les longueurs de ces fils donneraient les élévations des points proposés au-dessus de leurs projections.

Il suffira donc, pour en désigner un quelconque, de Fig. 1.
marquer sa projection sur le plan horizontal, et de faire
connaître à part sa hauteur, soit en écrivant le nombre
des mesures linéaires d'une échelle donnée, qu'elle doit
contenir, ou en fixant une ligne pour la représenter.

Mais si l'on avait beaucoup de points à représenter de
cette manière, la multitude des nombres ou des lignes
qu'il faudrait écrire pour faire connaître leurs hauteurs
deviendrait embarrassante ; à la vérité, on pourrait les
porter toutes sur une même ligne, qui deviendrait
l'échelle des hauteurs. Ce moyen peut être employé
quelquefois avec avantage ; mais il a l'inconvénient de
confondre les hauteurs des différens points, sans avoir
égard à la situation particulière de leurs projections :
en voici un autre qui est exempt de ces défauts.

3. Si on conçoit que par une ligne quelconque du
plan horizontal, on ait élevé un plan qui soit perpendiculaire à celui-ci, et que de chacun des points proposés dans l'espace, on mène une perpendiculaire sur
ce plan vertical, elle déterminera par son pied dans ce
plan, une deuxième projection du point donné, qui se
trouvera placée, au-dessus du plan horizontal, à la
même hauteur que le point donné.

Ainsi, BAC représente le plan horizontal, DAB le Fig. 2.
plan vertical mené par la ligne AB ; du point M pris
dans l'espace, on a abaissé sur le plan horizontal, la
perpendiculaire MM', et son pied M' est la projection
horizontale du point donné.

Par le point M, on a mené MM" perpendiculaire sur
le plan DAB, et le point M" est la projection verticale
de ce même point.

Les deux lignes MM', MM", sont évidemment dans
un même plan, puisqu'elles se coupent ; la ligne M'M

Fig. 2. qu'on mènerait dans le plan horizontal , perpendiculairement à la commune section AB de ce plan avec le plan
vertical , serait perpendiculaire à ce dernier ; elle serait
donc parallèle à MM″ , et ces trois lignes seraient dans
un même plan perpendiculaire à la fois au plan vertical
et au plan horizontal , puisqu'il serait perpendiculaire à
leur commune section ( *Géom.* , 196 , 210 ). Il est évident
que *M*M″ est égale à MM′ , et que par conséquent la
projection verticale M″ est à la même hauteur au-dessus
du plan horizontal , que le point M.

En opérant semblablement pour le point P , on aura
ses deux projections P′ et P″ ; et l'on voit que les projections verticales M″ , P″ , donneront les hauteurs des points
proposés au-dessus du plan horizontal , tandis que les
projections M′ , P′ , sur celui-ci , donneront les distances
des points proposés, au plan vertical.

Cette manière de représenter les points situés dans
l'espace , est connue dans les arts sous le nom de *méthode des projections.*

L'architecte, pour représenter les parties d'un édifice,
imagine d'abord un plan horizontal , sur lequel il rapporte le pied des diverses parties qui composent cet édifice. Le dessin qui résulte de cette opération s'appelle
*plan géométral* , et il fait connaître la situation respective des projections des points remarquables de l'édifice
proposé , rapportés sur le plan horizontal , par des lignes
perpendiculaires sur ce plan , ou à-plomb.

Pour achever de déterminer la situation des points
remarquables de son édifice , l'architecte conçoit ensuite
par une ligne donnée dans le plan géométral , un plan
perpendiculaire au premier , et par conséquent vertical ,
sur lequel il rapporte les objets , à la hauteur où ils sont
placés au-dessus du plan horizontal ; la figure qui en
résulte s'appelle *coupe* ou *profil* , si elle passe dans l'in-

térieur du bâtiment, et *élévation*, si elle n'en fait voir Fig. 2.
que les parties extérieures.

Le profil, ainsi que l'élévation, donnent les hauteurs
de chacun des points qui s'y trouvent contenus, au-
dessus du plan horizontal représenté par la ligne de
terre, ou par son intersection avec le plan vertical sur
lequel cette figure est construite; elle n'est donc autre
chose que l'ensemble des différens points remarquables,
rapportés ou projetés sur un plan vertical, par des lignes
qui sont perpendiculaires à ce plan.

Quant aux dimensions inclinées sur le profil et sur le
plan géométral, il est aisé de voir qu'elles ne sauraient
y être représentées dans leur longueur naturelle; et
c'est à les déterminer que s'applique la partie de la
Géométrie que nous allons traiter.

Nous imaginerons donc que les points de l'espace
sont rapportés à deux plans perpendiculaires entre eux,
qu'on peut se représenter par l'un des murs verticaux
d'une chambre et par son plancher.

4. Cela posé, si l'on conçoit une droite située d'une
manière quelconque dans l'espace, et que de chacun Fig. 3.
de ses points on abaisse des perpendiculaires sur l'un
des deux plans choisis, l'horizontal BAC, par exemple;
toutes ces perpendiculaires, telles que MM', étant parallèles, et passant par une même ligne, se trouveront
dans un même plan qui sera perpendiculaire au plan
horizontal (*Géom.* 194, 209).

L'intersection M'N' contiendra évidemment les pieds
de toutes les perpendiculaires, et sera par conséquent
la *projection* sur le plan horizontal, de la droite proposée MN.

On aura une image sensible de ce qui vient d'être dit,
si l'on se représente une verge inflexible placée dans une

Fig. 3. chambre, et de chacun des points de laquelle pendent des fils à-plomb jusqu'à la rencontre du plancher.

Concevons à présent que de chacun des points de la droite proposée, on ait abaissé des perpendiculaires MM″, sur le plan vertical BAD ; elles détermineront un nouveau plan perpendiculaire à celui-ci : l'un et l'autre se rencontreront suivant M″N″, projection de la droite proposée sur le plan vertical.

5. Nous nommerons *plans coordonnés* ou *plans de projection*, ceux sur lesquels on projette. Les plans formés par l'ensemble des perpendiculaires abaissées de la droite sur chacun des plans coordonnés, seront désignés sous le nom de *plans projetans*.

Il suit de leur génération que tous deux passent par la ligne proposée, et par conséquent qu'elle est leur commune section.

6. De là découle la manière dont une droite est déterminée, lorsqu'on a ses projections sur les plans coordonnés. Il faut concevoir deux nouveaux plans élevés chacun perpendiculairement sur l'un de ceux-ci, et passant par les projections de la droite proposée ; leur rencontre déterminera cette ligne. En général, de même qu'un point est donné sur un plan lorsqu'on connaît deux droites qui le contiennent, de même aussi une ligne est déterminée dans l'espace lorsqu'on connaît deux plans dans chacun desquels elle se trouve.

Fig. 4. Ainsi M′N′ étant la projection sur le plan horizontal, d'une ligne donnée dans l'espace, et *MN″* sa projection sur le plan vertical, si on conçoit les plans G″M′N′ F′*MN″* perpendiculaires, l'un au plan horizontal, et l'autre au plan vertical, leur rencontre mutuelle M′N sera la droite proposée.

7. Il reste maintenant à donner les moyens de dé-

terminer un plan. On sait que trois points en fixent la Fig. 4.
position, ou, ce qui revient au même, que deux droites
qui se coupent déterminent un plan ( *Géom.* 193 ) ; Fig. 5.
nous dirons en conséquence qu'il est donné, toutes les
fois que nous connaîtrons ses communes sections avec
chacun des plans coordonnés, puisqu'on aura deux
droites par chacune desquelles il doit passer. Le plan
$E'GF''$ est donné par ses communes sections $GE'$ et $GF''$,
avec les plans coordonnés BAC et DAB.

Pour se peindre cette situation du plan proposé, on
n'a qu'à se représenter une espèce de toit, placé obli-
quement au plancher et au mur d'une chambre.

Nous ramènerons toutes les autres manières de déterminer un plan à la précédente, après que nous aurons établi nos conventions, soit pour les figures, soit
pour le langage, afin de mettre le lecteur à portée de
se peindre exactement dans leurs positions naturelles,
les opérations que nous aurons à exécuter.

8. Comme il est important de bien concevoir ces
premières notions, j'invite le lecteur à construire lui-
même en relief, avec des cartons, les premières figures ;
et pour que cela lui soit plus facile, je les ai fait gra-
ver en plein.

Lorsqu'on trouvera deux figures au trait pour le
même sujet, l'une sera en perspective, et l'autre ex-
primera la construction réelle, telle qu'elle doit être
exécutée : dans la première, les lignes ou les parties
de lignes marquées par des petits points ronds, seront
celles qui sont recouvertes par des plans, et qu'on ne
saurait voir qu'en supposant ceux-ci transparens.

Pour aider encore à concevoir la position respective
des parties de la figure, tous les points situés sur le
plan horizontal sont désignés par des lettres marquées

Fig. 5. d'un accent ; celles qui en portent deux appartiennent aux points du plan vertical ; les lettres italiques ou penchées, sont sur la commune section de ces deux plans ; enfin les points de l'espace portent des lettres non accentuées.

J'excepte de cette manière d'accentuer, les quatre lettres A, B, C, D, constamment affectées aux lignes qui déterminent les plans coordonnés, et ne pouvant, par cette raison, causer d'embarras.

Dans la figure de construction, les données et les résultats sont toujours exprimés par des lignes tirées en plein, et celles qu'il faut mener pour la solution sont seulement ponctuées ; les lettres y sont d'ailleurs les mêmes que dans la figure en perspective.

Pour la construction, les deux plans coordonnés n'en font plus qu'un seul ; car on suppose toujours que le plan vertical ait tourné autour de sa commune section avec le plan horizontal, jusqu'à ce qu'il soit arrivé dans le prolongement de ce dernier, ainsi qu'on le voit,

Fig. 6. fig. 6. Dans ce mouvement, toute ligne perpendiculaire à l'axe AB de rotation, telle que $PP''$, décrit un plan perpendiculaire à cet axe ( *Géom.* 198 ). Il suit de là qu'elle vient s'appliquer dans la commune section de ce plan avec le plan horizontal, et par conséquent qu'elle tombe dans le prolongement de $P'P$ qui rencontre l'axe AB à angles droits, au point $P$.

Cette circonstance mérite d'être remarquée ; car il en résulte que les deux projections d'un même point doivent se trouver sur une même ligne perpendiculaire à celle qui sépare, dans la figure, le plan horizontal du plan vertical.

Nous désignerons pour la facilité du langage, lorsque les circonstances ne s'y opposeront pas, sous le nom de *plan horizontal*, celui auquel les points de l'espace sont

primitivement rapportés, en sorte que tout plan perpen- Fig. 6.
diculaire à celui-ci, sera un plan vertical : les autres
seront appelés en général *plans inclinés*.

Nos deux plans coordonnés seront donc, l'un horizontal et l'autre vertical : les projections sur le premier seront appelées *projections horizontales*, et en
effet, elles se trouveront dans la situation désignée par
le mot *horizontal*; mais pour abréger, nous appelle-
rons aussi *projections verticales* celles qui seront situées
dans le plan vertical, quoiqu'elles ne soient pas toujours dirigées verticalement; car l'expression *verticale*
emporte avec elle l'idée d'une droite perpendiculaire
au plan horizontal, et le plus souvent, la projection
verticale d'une ligne quelconque sera inclinée par rapport à ce plan : mais alors, il faudra seulement entendre que la projection dont on parle est faite sur le
plan vertical.

## DU PLAN ET DE LA LIGNE DROITE.

9. Un plan est donc donné, ainsi qu'on l'a vu plus
haut, toutes les fois qu'on a ses deux communes sections
avec chacun des plans coordonnés.

Lorsque le plan proposé sera perpendiculaire au plan
horizontal, il est clair que sa commune section avec
le plan vertical sera perpendiculaire à la ligne AB
(*Géom.* 210); par conséquent le plan désigné par les Fig. 7.
lignes N″N, NN′, est perpendiculaire au plan horizontal ABC, puisque sa commune section N″N avec le
plan vertical est perpendiculaire sur AB.

Le plan M″MM′ (*) est perpendiculaire sur le plan

---

(*) La lettre *M* étant commune aux deux intersections du plan
proposé avec les plans coordonnés, il est inutile de la répéter, et
ce plan sera désigné par M′MM″, et ainsi des autres.

Fig. 7. vertical, parce que sa commune section avec le plan horizontal est perpendiculaire à AB.

10. Puisque les plans projetans sont perpendiculaires sur les plans coordonnés auxquels ils sont relatifs, il suit de là qu'un plan perpendiculaire à l'un des plans coordonnés peut être regardé comme le plan projetant de toutes les droites qui s'y trouvent placées; ainsi toute ligne située dans le plan $M'MM''$, aura pour projection sur le plan vertical la ligne $MM''$ : par la même raison, le plan $N''NN'$, perpendiculaire sur le plan horizontal, serait le plan projetant de toutes les lignes qu'il contiendrait, et qui auraient $NN'$ pour projection sur le plan horizontal.

Il suit de là qu'une même ligne prise sur un des plans coordonnés, peut être la projection d'une infinité de lignes droites; mais quand on embrasse les deux projections à la fois, elles ne sauraient convenir qu'à une seule droite. En effet, la ligne dont les projections sont $M''M$ et $NN'$, ne peut résulter que de la commune section des deux plans projetans $M''MM'$ et $N''NN'$.

11. Les points $P''$ et $P'$ sont ceux où la ligne proposée rencontre le plan vertical et le plan horizontal; car le point $P''$, par exemple, étant sur la commune section $MM''$ de l'un des plans projetans avec le plan vertical, et se trouvant aussi dans la commune section $NN''$ de l'autre plan projetant avec le même plan vertical, il est à la fois dans la ligne proposée qui est la commune section des deux plans projetans, et dans le plan vertical. On raisonnerait de même pour le point $P'$, par rapport au plan horizontal.

De là suit la manière de trouver le point où une ligne droite rencontre l'un des plans coordonnés, quand on connaît ses projections. En effet, par le point $M$ où la projection verticale $M$M″ rencontre le plan horizontal, Fig. 7. menons la ligne $M$M′, perpendiculaire à AB, elle ira couper la projection horizontale $N$N′ en un point P′, qui sera le point où la ligne proposée rencontre le plan horizontal : on opérerait de même pour le plan vertical.

Quoique les diverses parties de cette opération s'exécutent sur plusieurs plans, elles peuvent s'effectuer sur un seul de la manière suivante.

On concevra que le plan DAB ait tourné autour de AB, jusqu'à ce qu'il soit arrivé dans le prolongement du plan BAC; aucune des lignes qu'il contient n'éprouvera de changement dans cette rotation, et l'on pourra exécuter les opérations qui y sont indiquées, comme s'il était relevé. Il est facile de s'en convaincre en appliquant à la seconde figure, les raisonnemens qui ont été faits sur la première.

12. *Remarque.* Il pourrait arriver que les projections $M$M″ et $N$N′ fussent disposées comme on le voit ici; Fig. 8. alors la perpendiculaire $N$N″, élevée sur la ligne AB, ne saurait rencontrer la projection sur le plan vertical dans la partie BAD : cela veut dire que la ligne proposée P′P″ passe au-dessous du plan horizontal, et va rencontrer le plan vertical dans un point P″, inférieur à la commune section AB.

En général, dans toutes les constructions, il faut regarder les plans comme indéfinis; et si on conçoit que DAB tourne autour de AB, la partie supérieure de ce plan s'appliquera sur ABE dans le plan horizontal, et la partie inférieure viendra se coucher sur l'espace BAC : il faudra donc considérer la partie antérieure du plan horizontal, et la partie inférieure du plan vertical comme appliquées l'une sur l'autre, et il en sera de même de la

Fig. 8. partie postérieure du plan horizontal, et de la partie supérieure du plan vertical. C'est alors qu'il est utile de distinguer par un caractère particulier, ainsi que je l'ai fait, les points qui appartiennent au plan vertical, de ceux qui se trouvent sur le plan horizontal ; avec ce soin on ne craint point de se méprendre. On voit dans l'exemple que j'ai mis sous les yeux, que le point $P''$, quoique dans l'espace BAC ( 2$^e$ *figure* ), doit être considéré comme appartenant au plan vertical.

Si la ligne au lieu d'être donnée par ses deux plans projetans, l'était par deux plans quelconques, on en trouverait les projections de la manière suivante, qui fera toujours connaître l'intersection de deux plans.

### PROBLÊME.

13. *Deux plans étant donnés, trouver les projections de la ligne qui est leur intersection.*

On remarquera que lorsque les communes sections des plans proposés, avec un même plan coordonné, se rencontrent, le point où cela a lieu est commun aux deux plans proposés, et appartient par conséquent à la droite qu'on cherche.

Fig. 9. Soient donc $M'MM''$ et $N'NN''$ les deux plans proposés ; il est clair que le point $P'$ est celui où ces deux plans rencontrent à la fois le plan horizontal $ABC$ : c'est donc un des points de la droite cherchée. Le point $Q''$ appartient évidemment à la commune section des deux plans proposés avec le plan vertical ; et par conséquent ce sera encore un de ceux de la ligne cherchée : la question est donc réduite à mener une ligne par deux points. Mais il est évident que chacune des projections de cette droite doit passer par les projections que les points donnés ont sur le plan où elle se trouve : le point $P'$ situé dans le plan horizontal, n'a d'autre pro-

jection que lui-même; la projection sur le plan hori- Fig. 9.
zontal du point $Q''$ qui est dans le plan vertical, se
trouvera au point $Q$ déterminé par la perpendiculaire
$Q''Q$ abaissée sur AB : menant donc par les points $P'$ et $Q$
une droite, ce sera la projection horizontale de la ligne
cherchée.

Si nous rapportons maintenant le point $P'$, sur le plan
vertical, par la ligne $P'P$ perpendiculaire à ce plan,
nous aurons les deux points $P$ et $Q''$ par lesquels doit
passer la projection verticale de la droite cherchée.

14. *Remarques.* Si les intersections $NN'$ et $MM'$ Fig. 10.
des plans proposés avec un des plans coordonnés, l'horizontal, par exemple, étaient parallèles entre elles,
alors les deux plans se couperaient dans une ligne parallèle au plan horizontal, et dont on connaîtrait un
point, savoir, le point $P''$. Il est évident que cette ligne
serait de plus parallèle à l'une et à l'autre des communes sections $NN'$, $MM'$, des plans proposés avec le
plan horizontal ; car si le contraire avait lieu, les deux
premiers se rencontreraient dans un même point du
troisième, et par conséquent leurs communes sections
avec celui-ci ne seraient pas parallèles.

La question est alors ramenée à trouver les projections d'une ligne droite qui passe par un point donné,
et qui est parallèle à une autre ligne connue ; et nous
la résoudrons bientôt.

Il peut arriver encore que les communes sections des Fig. 11.
plans proposés ne se rencontrent ni sur l'un des plans
coordonnés, ni sur l'autre; et ce cas se présentera toutes
les fois que les plans proposés auront leur intersection
PP parallèle à la ligne AB. Pour trouver alors l'intersection des plans proposés, il faudra les rapporter à
un troisième, que pour plus de facilité on supposera

Fig. 11. perpendiculaire aux deux premiers plans coordonnés. Nous ne nous arrêterons pas à traiter ce cas en particulier, parce qu'étant unique, on peut l'éviter dans les premières opérations, et il sera facile d'y avoir égard lorsqu'on sera familiarisé avec les constructions qui vont suivre.

15. Enfin il est aisé de voir que *les plans proposés seront parallèles entre eux, lorsque leurs communes sections avec chacun des plans coordonnés seront parallèles entre elles, sans l'être néanmoins à la commune section de ces plans* ( *Géom.* 217 ).

### PROBLÈME.

16. *Trouver les projections de la ligne qui passe par deux points donnés.*

Nous avons, dans le problème précédent, fait passer une ligne par deux points, l'un situé dans le plan horizontal, et l'autre dans le plan vertical; mais si les deux points proposés étaient situés d'une manière quelconque dans l'espace, la construction ne serait pas dif-

Fig. 12. férente. Pour avoir les projections de la droite qui passe par ces deux points, il suffirait de mener dans le plan vertical, une ligne par les deux projections verticales de ces points; ce serait la projection verticale de la ligne demandée : une opération semblable sur le plan horizontal donnerait la projection horizontale.

$M'$, $N'$, sont les projections horizontales des points $M$, $N$, pris sur la droite proposée; et $M''$, $N''$, sont leurs projections verticales. Si on conçoit que le plan projetant $MNN'M'$, qui renferme la ligne proposée, tourne autour de sa commune section $M'N'$ avec le plan horizontal, et vienne se coucher sur ce dernier, les lignes

M′M, N′N, MN, ne changeront point de grandeur, Fig. 12. et conserveront la même situation par rapport à M′N′. Il suit de là que l'on peut trouver la distance réelle des deux points proposés, en élevant sur la projection horizontale M′N′, les perpendiculaires M′M, N′N égales à $M$M″ et à $N$N″.

On voit ici l'origine d'une méthode qui est toujours employée pour obtenir les dimensions réelles des parties de l'étendue, et qui consiste à rapporter ces parties sur le plan où elles se trouvent naturellement, ou sur un autre parallèle à celui-là.

17. 1$^{er}$ *Corollaire.* Ce qui précède nous fournira une manière de désigner une droite dans l'espace, qui peut être fort utile dans beaucoup de circonstances : c'est de concevoir le plan vertical passant par la droite, et de le faire tourner autour de la projection de cette droite sur le plan horizontal, pour le coucher sur celui-ci ; car on voit que tous les points de la ligne MN sont situés, relativement à ceux de sa projection horizontale M′N′, comme ils le sont dans l'espace.

Si l'on voulait avoir l'angle que cette droite forme avec sa projection horizontale, il suffirait de prolonger M′N′ et MN jusqu'à leur rencontre mutuelle, ou de mener, par un point quelconque de M′N′, une parallèle à MN.

18. 2$^e$ *Corollaire.* Nous tirerons encore de là la manière de trouver la position d'un point de l'espace situé dans une ligne droite donnée, lorsqu'on connaît la projection de ce point sur l'un des plans coordonnés, l'horizontal, par exemple, et les projections de la droite. Soit N′ la projection horizontale du point demandé ; on abaissera N′$N$ perpendiculairement sur AB, et élevant $N$N″ aussi à angle droit sur cette ligne, le

Fig. 12. point N″ sera la projection verticale du point cherché, et $NN''$ en sera la hauteur au-dessus du plan B AC. Dans la construction réelle, il suffira de prolonger N′N jusqu'à la rencontre de la projection verticale M″N″ de la droite proposée.

19. *Remarque.* Lorsque sur le même plan coordonné, les projections de deux lignes se coupent, il n'en faut pas conclure que les lignes elles-mêmes se coupent aussi ; car il n'en est pas de l'espace comme d'un plan : dans ce dernier cas, deux lignes qui ne sont pas parallèles se rencontrent toujours ; mais dans l'espace elles peuvent se croiser dans leurs directions sans se couper, passant, par exemple, l'une au-dessous de l'autre, ou l'une à côté de l'autre.

Pour déterminer s'il y a intersection ou non, il faut voir si le point de rencontre des projections horizon-

Fig. 13 et 14. tales, et celui des projections verticales de chacune des droites, peuvent appartenir à un même point de l'espace, c'est-à-dire, si ces deux points sont dans une même ligne perpendiculaire à AB (8) ; c'est ce qui n'a pas lieu pour les points P″ et Q′ de la fig. 13, mais pour P′ et P″ de la fig. 14. Il suit donc de là que les deux lignes représentées dans le second exemple se trouvent sur un même plan, et qu'il n'en est pas de même du premier.

## THÉORÈME.

20. *Lorsque deux lignes sont parallèles dans l'es- pace, leurs projections sur un même plan sont parallèles entre elles.*

Fig. 15. En effet, les deux lignes N M′ et Q P′, étant paral- lèles par hypothèse, et les deux droites N N′ et Q Q′ l'étant aussi comme perpendiculaires au plan coordonné AB, les plans projetans M′NN′ et P′QQ′ serónt né-

nécessairement parallèles entre eux (*Géom.* 215), et cou-*Fig.* 15. peront par conséquent le plan AB, suivant deux droites M'N' et P'Q, parallèles entre elles. Il est visible que ces droites seront les projections des proposées M'N et P'Q.

Réciproquement, lorsque les projections de deux droites sont parallèles sur chacun des deux plans coordonnées, ces deux droites sont parallèles dans l'espace ; car les plans projetans, perpendiculaires au même plan coordonné, passant par des projections parallèles sur ce plan, seront nécessairement parallèles entre eux : les plans projetans relatifs à l'un des plans coordonnés couperont donc les plans projetans relatifs à l'autre, suivant quatre droites d'abord parallèles deux à deux, comme intersections de deux plans parallèles avec un même plan (*Géom.* 215), et dont ensuite chacune sera parallèle à deux autres placées dans des plans contigus. Il suit de là que ces droites, parmi lesquelles se trouvent les proposées, seront toutes parallèles entre elles.

21. *Remarque.* Il est à propos de remarquer que le parallélisme de deux droites proposées ne saurait avoir lieu, à moins que leurs projections ne soient parallèles dans chaque plan coordonné ; car elles pourraient l'être sur l'un d'eux seulement, et cela ne prouverait autre chose, sinon que chacune des droites est réciproquement parallèle au plan projetant de l'autre. En effet, lorsque deux droites ne sont pas dans un même plan, on ne peut mener par l'une d'elles qu'un seul plan parallèle à l'autre ; et pour le déterminer, il n'y a qu'à imaginer par un point quelconque de la première, une ligne parallèle à la seconde ; le plan qui passera par cette nouvelle ligne et la première, sera celui qu'on cherche (*Géom.* 218).

Il suit de ce qui précède, que pour que deux lignes

*Complém. de la Géom.* 5ᵉ édit. 2

Fig. 15. dans l'espace soient parallèles entre elles, il faut que chacune d'elles soit parallèle à deux plans qui ne le soient pas entre eux; et alors une de ces lignes est parallèle à tous les plans qu'on peut mener par l'autre.

## PROBLÈME.

22. *Mener par un point donné une ligne parallèle à une ligne donnée.*

Il faut mener par les projections du point proposé, dans chaque plan coordonné, une ligne parallèle à la projection de la droite donnée sur ce plan; on aura ainsi les projections de la droite demandée, sur chaque plan coordonné.

Fig. 16. $P'$ et $P''$ sont les projections du point donné; $N'M'$, $N''M''$, sont celles de la droite donnée : ainsi $L'H'$, $L''H''$ seront celles de la droite cherchée.

## PROBLÈME.

23. *Trouver les projections d'un point lorsqu'on connaît trois plans, sur chacun desquels il est situé.*

Nous avons vu qu'un point était donné, lorsqu'on avait sa projection sur le plan horizontal et sur le plan vertical; mais un point est aussi donné lorsqu'on a trois plans qui le contiennent. Alors, pour en trouver les projections, on cherche d'abord celles de la commune section de deux quelconques des plans proposés; cette ligne étant coupée par le troisième plan, donnera, dans son intersection, le point demandé.

On parviendra au même résultat, en cherchant l'intersection de l'un des deux premiers plans avec le troisième; on aura par là une seconde droite qui sera dans le même plan que la première; il sera facile de trouver le point de rencontre de ces deux lignes, par ce qui a été dit plus haut (13).

Nous n'entrerons pas dans le détail de ces diverses Fig. 16.
opérations, qui n'auront point de difficulté, si on les
exécute successivement, comme il a été dit pour chacune d'elles. On peut rendre le travail plus facile, en
traçant au crayon toutes les lignes de construction, et
ne mettant à l'encre que les résultats : lorsque chaque
opération partielle est finie, on efface les lignes qui s'y
rapportent, et la figure alors n'est pas compliquée.

24. *Remarque.* La manière la plus simple de faire
connaître un point en employant trois plans, est de les
supposer perpendiculaires entre eux ; et cela revient à
donner les distances du point proposé à trois autres
plans parallèles à ceux-ci.

En effet, si on conçoit trois plans BAC, BAD et Fig. 17.
DAC, perpendiculaires entre eux, et qu'on sache qu'un
point M de l'espace est placé à une distance MM′ du
premier, MM″ du second, et MM‴ du troisième, il
suit de la propriété qu'ont deux plans parallèles d'être
également éloignés l'un de l'autre dans tous leurs
points, que si, aux distances données, on mène les
plans M‴MM″, M‴MM′, M″MM′, respectivement parallèles à chacun des plans BAC, BAD et DAC, le
point proposé se trouvera dans leur rencontre mutuelle.

Les plans M‴MM″, M‴MM′, M″MM′, forment, avec
les plans coordonnés BAC, BAD, DAC, un parallé-
lépipède rectangle. Si l'on mène la diagonale AM′ dans
la face horizontale, on aura, comme on sait,

$$\overline{AM'}^2 = \overline{MM'}^2 + \overline{AM}^2 ;$$

mais à cause des parallèles, $MM'$ est égale à MM″, et
$AM$ l'est à M‴M ; par conséquent

$$\overline{AM'}^2 = \overline{MM''}^2 + \overline{MM'''}^2 .$$

La diagonale intérieure AM, menée du point de

Fig. 17. rencontre des trois plans coordonnés, au point proposé, est évidemment l'hypoténuse d'un triangle rectangle AM′M, et par conséquent

$$\overline{\text{AM}}^2 = \overline{\text{AM}'}^2 + \overline{\text{MM}'}^2;$$

mettant au lieu de $\overline{\text{AM}'}^2$ sa valeur, trouvée plus haut, il en résultera

$$\overline{\text{AM}}^2 = \overline{\text{MM}'}^2 + \overline{\text{MM}''}^2 + \overline{\text{MM}'''}^2:$$

ce qui fait voir que *le quarré de la distance d'un point quelconque de l'espace à celui où les trois plans coordonnés se rencontrent, est égal à la somme des quarrés des distances du point proposé à chacun de ces plans.*

Trois plans qui se coupent forment huit angles trièdres, dans chacun desquels on peut trouver un point semblablement placé ; mais en désignant de quel côté de ces plans tombent les distances données, on particularise l'angle trièdre que l'on considère.

Lorsqu'un point est donné par une ligne et un plan, cela revient au même que s'il était donné par trois plans ; car il faut employer au lieu de la ligne donnée ses deux plans projetans.

### PROBLÈME.

25. *Trouver l'intersection d'un plan et d'une ligne droite.*

On cherchera l'intersection de l'un des plans projetans de la droite donnée avec le plan proposé ; la ligne qui en résultera, se trouvant à la fois sur l'un et sur l'autre de ces plans, rencontrera la ligne donnée dans le point où celle-ci coupe le plan proposé.

Fig. 18. Toutes ces opérations peuvent s'exécuter successivement par ce qui a été dit, n° 13 : N″OM′ représente le plan donné ; QQ″ et NM′ sont les projections de la

droite dont on cherche la rencontre avec ce plan : par Fig. 18.
conséquent $N''NM'$ est l'un de ses plans projetans, celui
qui est perpendiculaire au plan horizontal ; $M'$ et $N''$
sont deux points de la commune section de ce plan
avec le plan donné : $N''M$ est donc la projection de l'intersection de ces plans, sur le plan vertical, et $P''$ la
projection, sur le même plan, du point de rencontre
de la ligne qu'on vient de déterminer et de la ligne proposée, ou, ce qui revient au même, de l'intersection
du plan donné avec cette dernière.

Si l'on mène $P''P'$ perpendiculairement à **AB**, elle déterminera, sur $NM'$, le point $P'$, projection horizontale
du point demandé.

PROBLÈME.

26. *Connaissant les communes sections d'un plan
avec chacun des plans coordonnés, construire ce plan ;
c'est-à-dire, trouver pour chaque point du plan horizontal, la hauteur de celui qui lui correspond dans le
plan incliné.*

Concevons que le plan proposé, $G'GN''$, soit coupé Fig. 19.
par des plans verticaux, parallèles à sa commune section avec le plan horizontal ; il ne s'agira plus que de
faire passer par la projection du point dont on voudra
connaître la hauteur, un de ces plans verticaux et de
construire sa commune section avec le plan proposé.
Soit $M'$ la projection du point cherché : il est évident
que $M'N$, menée parallèlement à $G'G$ représentera la
commune section du plan vertical, parallèle à cette
droite avec le plan horizontal ; et élevant $NN''$ perpendiculairement à **AB**, on aura (13 et 14) le point $N''$ où
la ligne $MN''$, intersection du premier et du plan proposé, rencontre le plan coordonné **DAB**. Mais comme
cette ligne est parallèle au plan **ABC**, la hauteur de

Fig. 19. tous ses points au-dessus de ce plan sera constante et déterminée par $NN''$.

Si on mène $N''M''$ parallèle à AB et $M'M''$ perpendiculaire à cette ligne, le point $M''$ sera la projection du point cherché sur le plan vertical.

27. Pour avoir l'angle que le plan incliné $G'GN''$ fait avec l'horizontal BAC, on imaginera du point $M'$ dans le plan horizontal, et du point $M$ qui lui correspond dans le plan incliné, des perpendiculaires abaissées sur leur commune section $GG'$ ; elles formeront le triangle rectangle $M'G'M$, dans lequel on connaîtra $G'M'$ et $M'M$, et que l'on pourra par conséquent construire : l'angle $M'G'M$ sera l'angle cherché.

28. *Remarques.* Connaissant l'angle $M'G'M$ et la commune section $G'G$ du plan proposé avec le plan BAC, on pourrait construire le premier de cette manière : par le point $M'$, pris à volonté sur le plan horizontal, on mènerait $NM'$ parallèle à $GG'$, et abaissant la perpendiculaire $M'G'$, sur $GG'$, on ferait l'angle $MG'M'$ égal à l'angle donné ; par cette opération, la hauteur $MM'$ du point $M$, au-dessus du plan horizontal, serait déterminée.

29. Cette manière de donner le plan n'est pas différente de la précédente ; car alors le plan horizontal reste le même, et le plan vertical se trouve perpendiculaire à la commune section du plan horizontal avec le plan incliné : on prend donc au lieu du plan de projection BAD, le plan $MG'M'$.

$MG'$ est la distance du point $M$ à la commune section du plan $N''GG'$ avec le plan horizontal ; et comme elle est prise perpendiculairement à $GG'$, il s'en suit qu'en faisant tourner le plan proposé autour de cette dernière,

pour le rabattre sur le plan horizontal, la droite G'M Fig. 19.
viendra se coucher sur G'M' (8) : le point M tombera alors en m. En opérant de même sur plusieurs points, on trouverait leurs positions respectives dans le plan G'GN" qui les contient tous.

30. Si, connaissant l'angle MG'M' et la commune section G'G, on voulait trouver l'intersection du plan incliné avec le plan vertical, on y parviendrait en menant par un point quelconque M' de la ligne M'G' perpendiculaire à la commune section, une parallèle à cette commune section, et par le point N où elle rencontrerait le plan vertical, on éleverait NN" égale à M'M et perpendiculaire sur AB; par le point N" ainsi trouvé et le point G, on mènerait GN" qui serait la commune section du point cherché (*).

### PROBLÈME.

31. *Mener par un point donné un plan parallèle à un plan donné.*

D'après ce qui a été dit, n° 15, les communes sections du plan cherché avec les plans coordonnés doivent être parallèles à celles de ces mêmes plans avec le Fig. 20. plan donné ; il ne s'agit donc que d'en trouver un point pour pouvoir les mener. Or, si l'on conçoit par le point proposé, une droite parallèle à la commune section du plan cherché avec le plan horizontal, elle sera tout entière dans le plan cherché, et elle rencontrera le plan vertical dans un point qui sera placé sur la commune section de l'un et de l'autre de ces plans.

---

(*) Il est aisé d'employer cette construction à la recherche de l'intersection de deux plans qui se coupent dans une ligne parallèle à AB (*voy.* n° 14) car elle offre le moyen de transporter les données sur un plan vertical autre que celui qu'on avait choisi d'abord pour l'un des plans coordonnés.

Fig. 20.

Pour faire l'application de ce qui précède, soit $M'M\,M''$ le plan donné, $P'$ et $P''$ les projections du point donné : on mènera $P'E$ parallèle à $M'M$ ; élevant ensuite $EE''$ parallèle et égale à $PP''$, le point $E''$ sera le point de rencontre du plan vertical et de la ligne menée par le point donné, parallèlement à $M'M$ : il appartiendra donc à la commune section du plan cherché avec le plan vertical DAB ; et $N''N$ passant par le point $E''$ et parallèle à $M''M$, sera cette commune section (26).

Par le point $N$, on mènera $NN'$ parallèle à $MM'$ ; ce sera la commune section du plan cherché avec le plan horizontal.

## THÉORÈME.

32. *Une ligne et un plan sont réciproquement perpendiculaires, lorsque les projections de cette ligne sur le plan horizontal et sur le plan vertical, sont respectivement perpendiculaires aux intersections du plan incliné avec ces mêmes plans.*

En effet, la ligne proposée et sa projection sont dans un même plan qui est perpendiculaire à la fois à celui sur lequel on projette et au plan proposé ; donc réciproquement le plan proposé et le plan sur lequel on projette sont perpendiculaires au premier ; leur commune section lui sera donc perpendiculaire, ainsi qu'à toutes les lignes qui passent par son pied, et la projection est une de ces lignes.

Fig. 21.

Ainsi la ligne $L'H$ étant perpendiculaire au plan incliné $M'M\,M''$, tout plan passant par cette droite sera perpendiculaire à celui-ci ; le plan projetant $L'HM'$ remplira donc cette condition ; mais, par sa définition, il est perpendiculaire au plan horizontal BAC : donc ce dernier et le plan incliné lui seront tous les deux perpendiculaires. Leur commune section $M'M$ jouira aussi de

cette propriété, et elle tombera à angles droits sur toutes Fig. 21.
les lignes menées par son pied dans le plan dont on vient
de parler : elle sera donc perpendiculaire à $L'M'$, projection horizontale de la droite $L'H$. On raisonnerait
de même pour la projection verticale.

### PROBLÈME.

33. *Mener par un point donné une ligne perpendiculaire à un plan donné.*

Il faut mener, de chacune des projections de ce point, Fig. 22.
des perpendiculaires sur les communes sections du plan
proposé avec les plans coordonnés ; et ces perpendiculaires seront les projections de la ligne cherchée.

$L'$ et $L''$ étant les projections du point donné, $L''E''$
et $L'E'$, perpendiculaires l'une à $M''M$, l'autre à $M'M$,
seront les projections de la ligne cherchée, qui passe par
le point donné, et est perpendiculaire au plan $M'M'M''$.

### PROBLÈME.

34. *Mener par un point donné un plan perpendiculaire à une droite donnée.*

Il est évident que les communes sections du plan
cherché, avec chacun des plans coordonnés, doivent
être perpendiculaires sur les projections de la droite
donnée. Si l'on conçoit par conséquent un plan dont les
communes sections satisfassent à cette condition, il ne
s'agira plus que d'en mener un autre qui lui soit parallèle, et qui passe par le point donné.

Pour effectuer cette construction, on mènera per- Fig. 23.
pendiculairement à $FM'$ et par $P'$, projections de la
ligne et du point donnés, la droite $P'Q$ qui sera parallèle à la commune section du plan cherché avec le plan
horizontal. Si on la regarde comme la projection sur le
plan horizontal d'une ligne qui lui soit parallèle, et qui

Fig. 23. passe par le point donné, on construira, comme on l'a fait (31), la rencontre de cette dernière avec le plan vertical, qui aura lieu en $Q''$; et menant par ce point, $Q''M$ perpendiculaire à $EM''$, ce sera la commune section du plan cherché, avec le plan vertical : la ligne $MM'$ perpendiculaire à $FM'$ sera sa commune section avec le plan horizontal.

Je ne m'arrêterai pas à déterminer le point où la perpendiculaire rencontre le plan donné; car cela revient à trouver l'intersection d'une ligne et d'un plan, problème résolu n° 25 : connaissant ce point, ainsi que celui par lequel a été menée la perpendiculaire, on en trouvera la longueur, par ce qui a été dit n° 16.

35. *Remarque.* Les deux problèmes précédens peuvent être posés et résolus d'une manière plus simple, qu'il est bon de connaître.

Dans le premier, où il s'agit de mener par un point proposé une ligne perpendiculaire à un plan, ce plan peut être donné par son inclinaison sur le plan horizontal et par la ligne suivant laquelle il le rencontre.

Fig. 24. Ainsi $L$ étant la projection sur le plan horizontal, du point par lequel on veut mener une ligne perpendiculaire au plan $M'MM''$, il faudra tirer de ce point une perpendiculaire $LM$ à la droite $M'M$; ce sera la projection horizontale de la ligne cherchée qui doit se trouver elle-même dans le plan vertical élevé sur cette projection. En le prenant pour un des plans coordonnés, on y construira le point $L''$ placé à une hauteur $LL''$ au-dessus de sa projection, égale à celle qu'on connaît; et menant $L''O''$ perpendiculaire à $M''M$, ce sera la ligne demandée, et en même temps la plus courte distance du point donné $L''$ au plan $M'MM''$.

Supposons qu'une ligne soit donnée par sa projection

horizontale *LM*, et par sa situation respectivement à l'ig. 24.
cette projection, dans le plan vertical DAB, et qu'on
veuille lui mener un plan perpendiculaire, par un point
donné : P′ étant la projection de ce point sur le plan
horizontal, on construira sa projection verticale P″, et
menant P″O′ perpendiculaire sur *EL″*, on aura la commune section du plan demandé avec le plan vertical ;
on élèvera ensuite *M*M′ perpendiculaire à *E M*, ce
sera la commune section de ce même plan avec le plan
horizontal.

## PROBLÈME.

36. *Faire passer un plan par trois points donnés.*

Il faut joindre les trois points par deux lignes droites,
chercher les rencontres de chacune d'elles avec l'un des
plans coordonnés, l'horizontal, par exemple ; les deux
points qu'on trouvera de cette manière détermineront
la commune section du plan proposé avec le plan horizontal. Il ne restera plus qu'une condition à remplir,
c'est d'assujettir ce plan à passer par l'un quelconque
des points donnés, ainsi qu'on l'a fait n° 31.

M′, N′, P′, sont, sur le plan horizontal, les projec- Fig. 25.
tions des trois points donnés ; M″, N″, P″, leurs projections sur le plan vertical ; ainsi les lignes qui joignent
ces trois points dans l'espace, et qui déterminent le plan
cherché, ont pour projections horizontales $\left\{ \begin{array}{l} M'N' \\ M'P' \end{array} \right\}$ ,
et pour projections verticales $\left\{ \begin{array}{l} M''N'' \\ M''P'' \end{array} \right\}$ ; les points E′
et F′ sont les rencontres des deux droites données avec
le plan horizontal, trouvées par le procédé du n° 11 :
par conséquent E′F′ est la commune section du plan
cherché avec le plan horizontal.

Pour trouver la commune section sur le plan vertical,

Fig. 25. on a mené, conformément au n° 31, $M'G$ parallèle à $E'F$, $GG''$ perpendiculaire à AB et égale à $MM''$; les points $G''$ et $H$ déterminent la commune section sur le plan vertical.

37. On peut construire le même problème, en imaginant que, par l'un des points donnés et chacun des deux autres, on ait mené deux plans verticaux, et qu'on les ait ensuite rabattus sur le plan horizontal, en les faisant tourner autour des lignes qui joignent les projections horizontales des points par lesquels ils passent (17).

Fig. 26. On prolongera les lignes MN et MP jusqu'à ce qu'elles rencontrent leurs projections sur le plan horizontal, ce qui donnera les points $E'$ et $F'$ de la commune section du plan cherché avec celui-ci.

On voit par ce qui a été dit, n° 27, qu'en menant $G'M'$ perpendiculaire sur $F'E'$, et construisant le triangle rectangle $G'M'M''$, dans lequel $M''M'$ est égale à $M'M$, l'angle $M''G'M'$ mesurera l'inclinaison du plan cherché, sur le plan horizontal.

38. *Corollaire*. Il n'est pas moins clair que $F'M$ et $E'M$ sont les distances du point M de l'espace à chacun des points $F'$ et $E'$, où ces droites rencontrent le plan horizontal; on connaît donc les trois côtés du triangle formé par le point M et ces derniers, et on le construira en le supposant rabattu sur le plan horizontal, après avoir tourné autour de $F'E'$ : il est représenté dans la figure, en $F'mE'$.

On aura donc aussi l'angle $F'mE'$, formé par les deux lignes $E'M$ et $F'M$, lorsqu'elles se trouvent dans leur situation réelle.

Il est à propos de remarquer qu'en pliant le plan de la figure, suivant les lignes $E'M'$, $F'M'$ et $E'F'$, les triangles $E'M'M$, $F'M'M$ et $F'mE'$, se réuniront tous par un

de leurs angles au point M ; ils formeront alors un té- Fig. 26.
traèdre dont cette figure offre le développement.

## PROBLÈME.

39. *Deux plans étant donnés, trouver l'angle qu'ils font entre eux.*

On sait que l'angle de deux plans se mesure par celui Fig. 27.
de deux perpendiculaires menées dans chacun de ces plans, à un même point de leur commune section.

Il ne s'agit donc que de construire ces lignes ; or elles déterminent un plan perpendiculaire à l'intersection des plans proposés : il suit de là qu'après avoir trouvé les projections de cette intersection, comme on l'a vu n° 13, il faudra, par un point pris arbitrairement sur cette ligne, lui mener un plan perpendiculaire dont on construira les communes sections avec chacun des plans proposés. Ces deux dernières droites se coupant au point par lequel on a mené le plan perpendiculaire, il sera facile d'en trouver l'angle, par ce qui a été dit au n° précédent, et cet angle mesurera l'inclinaison des plans donnés.

Tel est le procédé général qu'on peut suivre pour résoudre la question proposée ; il ne dépend que des problèmes déjà résolus : cependant on peut diminuer le nombre des lignes qui entrent dans la construction, en choisissant convenablement le point par lequel on mènera le plan perpendiculaire.

Voici le détail d'une construction qui m'a été communiquée par Monge, et qui est une des plus simples qu'on puisse trouver pour ce cas.

Supposons que les deux plans donnés soient H$'EF''$, H$'GF''$, et que la projection de leur commune section sur le plan horizontal soit la ligne H$'F$ ; je construis dans le plan vertical passant par cette droite, l'inter-

Fig. 27. section des deux plans donnés, en élevant $FF$ perpendiculairement sur $FH'$ et égale à $FF''$; ensuite par un point M', pris à volonté sur H'$F$, j'élève un plan perpendiculaire à la ligne FH' (35) : je trouve ainsi la droite PM' qui est la commune section de ce plan et du plan vertical $FF$H'. Mais si l'on fait tourner le premier autour de sa commune section L'N' avec le plan horizontal, la ligne PM' étant perpendiculaire sur M'N', viendra tomber nécessairement sur H'M' (8), et le point P se trouvera en P'; le triangle formé par les trois points L', P, N' ne changera dans aucune de ses dimensions par ce mouvement : il sera donc exactement représenté par L'P'N', et l'angle en P' sera celui des deux plans donnés.

## PROBLÈME.

40. *Un plan étant donné, ainsi qu'une ligne droite située dans ce plan, mener par cette droite un second plan qui fasse avec le premier un angle donné.*

On construira un plan perpendiculaire à la ligne donnée, et passant par un point pris à volonté sur cette ligne, on en cherchera l'intersection avec le plan donné, et il faudra mener dans le plan perpendiculaire une droite qui fasse, avec cette intersection, l'angle donné.

Il est facile de retourner la solution du problème précédent, pour l'appliquer à celui qui nous occupe maintenant.

En effet, les données sont alors, 1°. le plan H'$E$F''; 2°. le plan vertical FH'$F$ qui se trouve rabattu sur le plan horizontal. On construira L'N' et le point P', comme dans le problème précédent, et on fera sur L'P' l'angle L'P'N égal à l'angle donné; par le point N' ainsi déterminé, on mènera H'$G$, ensuite on tirera GF'', et on aura le plan cherché H'$G$F''.

## PROBLÈME.

41. *Connaissant l'angle que deux lignes font entre elles, et celui que chacune fait avec une verticale menée par leur point de rencontre, trouver la projection du premier angle sur le plan horizontal.*

On peut considérer le point de rencontre des droites proposées avec la verticale, comme le sommet d'une pyramide triangulaire dans laquelle on connaît les trois angles que ses arêtes font deux à deux ; cette pyramide a d'ailleurs pour base un plan perpendiculaire à l'une de ses arêtes, puisqu'elle repose sur le plan horizontal : avec ces données, on peut la développer.

En effet, si l'on conçoit que la face $DAG'$ tourne au- Fig. 28. tour de $AD$, pour venir s'appliquer dans le prolongement de la face $DAE$, il est aisé de voir que dans ce mouvement le point $G'$ ne sortira pas du plan horizontal, puisque $AD$ est une verticale, et que par conséquent $AG'$ lui est perpendiculaire : $DG$ sera donc de la même grandeur que $DG'$ ; et dans le triangle rectangle $DAG$ on connaîtra l'angle $ADG$, qui est celui que l'une des lignes proposées fait avec la verticale $AD$, et dont la valeur est donnée *à priori*, ou prise à volonté. On déterminera par conséquent les deux côtés $AG$ et $DG$ ; et on opérera de même sur le triangle $DAE$. Ensuite lorsque $AG$ et $DG$, $AE$ et $DE$, seront connus, on construira le triangle $DEG''$, dans lequel l'angle $EDG''$ est égal à celui que les droites proposées font entre elles, et le côté $DG''$ est la même chose que $DG$. Ayant obtenu la grandeur de $EG''$, on voit qu'en faisant tourner le triangle $EDG''$ autour de $DE$, et le triangle $ADG$ autour de $AD$, les points $G$ et $G''$ doivent se réunir à l'angle $G'$ de la pyramide ; on aura donc la base de cette pyramide en décrivant le triangle $AG'E$ sur les trois côtés $AE$, $AG$, et $EG''$.

Fig. 28.  L'angle $E$AG′ sera la projection demandée de l'angle $E$DG′.

Fig. 28*.  Si l'un des angles compris entre la verticale et les lignes proposées, était droit, ADG, par exemple, la ligne DG ne rencontrant plus AG′, la construction ci-dessus ne pourrait s'effectuer; mais il est aisé de voir qu'on y suppléerait, en prenant DG à volonté, abaissant GG′ perpendiculairement sur AG′; car on obtiendrait EG′, en construisant le triangle GG′E, rectangle en G′, dans lequel GG′ est donné, et G′E résulte du triangle G′AE : le triangle GDE se forme comme le triangle EDG″ de la figure relative au premier cas (*).

### PROBLÈME.

42. *Deux lignes droites étant données sur un plan, par leur point de rencontre, en mener une troisième qui fasse, avec chacune d'elles, un angle donné.*

Fig. 29.  Les trois lignes que nous considérons forment un angle trièdre, lorsqu'on les lie par les plans qui les contiennent deux à deux; et on peut le développer en faisant tourner deux de ses faces jusqu'à ce qu'elles tombent sur les prolongemens de la troisième.

Soient FAE′, E′AH′, H′Af, les trois angles donnés : si l'on prend sur les côtés AF et Af, des points F et f également éloignés du sommet **A**, il est aisé de voir que ces deux points doivent se confondre, lorsque les plans sont réunis dans leur position naturelle; mais il n'est pas moins évident (8), que les perpendiculaires F$F$ et f$f$, abaissées sur les droites AE′ et AH′, autour desquelles se fait le développement, décriront des plans perpendiculaires à ces lignes, et que ces derniers rencontreront

---

(*) Ce problème a son application en Trigonométrie, pour réduire au plan horizontal, les angles observés sur des plans inclinés; il peut aussi se résoudre par la Trigonométrie sphérique ( *Trig.* n° 62. ).

le plan horizontal suivant FF′ et fF′ ; le point F′ appar- Fig. 29.
tiendra par conséquent à la commune section des plans
que nous considérons , et qui sera la verticale élevée
par ce point. C'est sur cette ligne que doivent se trouver réunis les points F et f ; la droite AF′ est donc la
projection horizontale de l'arête supérieure de l'angle
trièdre, lorsque cette arête est dans sa position naturelle. Le point A étant celui où elle rencontre le plan
horizontal, il suffit , pour la déterminer entièrement, de
parvenir à connaître la hauteur d'un autre de ses points ;
mais nous observerons que les points F et f qui lui appartiennent , décrivent chacun un cercle dans le développement, et ces cercles sont situés dans les plans
engendrés par FF et ff. Si donc l'on construit l'un de
ces cercles, en supposant son plan rabattu sur le plan
horizontal, il déterminera la hauteur du point de l'espace où se fait la réunion des points F et f.

Sur FF, comme rayon, on a décrit le demi-cercle
FF″ ; et la perpendiculaire F′F″, qui n'est autre chose
que la commune section des plans verticaux élevés sur
FF′ et fF′ , donne la hauteur du point cherché au-dessus
du plan horizontal.

Si l'on tire FF″, cette ligne sera la projection de l'arête
supérieure de l'angle trièdre, sur le plan vertical élevé
par la ligne FF′ ; on aura donc les deux projections de
cette arête : elle sera par conséquent déterminée.

43. *Corollaire.* L'angle F″FF′ est égal à celui que les
deux plans FAE′ et E′AH′ font entre eux, lorsqu'ils
sont dans leur situation naturelle ; car il est évident que
le plan F″FF′ est perpendiculaire à leur commune section AE′, et que FF″ n'est autre chose que FF rapportée dans ce plan.

44. *Remarque.* Le problème précédent cessera d'être
*Complém. de la Géom.* 5ᵉ édit.        3

Fig. 29. possible, lorsque l'un des trois angles donnés sera plus grand que la somme des deux autres ; la construction indiquée ci-dessus, fait connaître cette impossibilité, parce qu'il arrive alors que le point $F'$ tombe hors du cercle décrit sur $FF$.

On peut se peindre facilement ces exceptions, en se représentant les deux cônes droits décrits par les angles $E'AF$ et $H'Af$ lorsque ces angles tournent respectivement autour de leurs côtés $AE'$ et $AH'$. Le problème n'est possible que lorsque ces cônes se coupent ou se touchent ; mais cela n'aura pas lieu si l'un embrasse l'autre tout entier, ou si leurs bases, trop petites ou trop éloignées l'une de l'autre, ne se rencontrent pas.

45. On peut renverser la question, et se proposer de trouver le développement de l'angle trièdre formé par les deux droites $AE'$, $AH'$, et par une troisième dont $AF'$ serait la projection horizontale, $FF''$ la projection verticale ; alors il faudra déterminer les angles $FAE'$ et $fAH'$ : voici comment on y parviendra. On prolongera $FF'$ indéfiniment, et on décrira sur $FF''$ un demi-cercle qui fera trouver le point $F$, et $AF$ sera l'une des droites cherchées. On opérera de même dans la recherche de $Af$.

On voit donc qu'on a tout ce qu'il faut pour la construction d'un angle trièdre, lorsqu'on connaît l'une de ses faces, la projection sur cette face, de l'arête qui lui est opposée, et la hauteur d'un point de cette arête au-dessus de sa projection.

46. LEMME. *Si par un point quelconque de la commune section de deux plans, on élève en dehors de l'angle qu'ils forment, une perpendiculaire sur chacun, ces lignes feront un angle qui aura la même mesure*

que le supplément de l'angle dièdre formé par les plans proposés.

En effet, les droites menées comme on vient de le dire, se trouveront dans le plan perpendiculaire à la commune section des plans proposés ; et si on suppose que AE et AF soient les intersections de ceux-ci avec le premier, il est aisé de voir que les angles EAF et eAf sont supplémens l'un de l'autre ; car si des quatre angles droits formés autour du point A, on retranche les deux angles droits fAE et FAe, il restera les deux angles EAF et eAf, dont la somme vaudra par conséquent deux droits.

Fig. 30.

## THÉORÈME.

47. *Si par le sommet d'un angle trièdre et en dehors de cet angle, on mène des droites perpendiculaires à chacune de ses faces, les plans qui contiennent ces lignes deux à deux formeront un nouvel angle trièdre, dans lequel les angles des arêtes seront supplémens des angles des faces du premier, et les angles des arêtes de celui-ci seront supplémens de ceux des faces du nouvel angle trièdre.*

Soit Ae la droite perpendiculaire à la face AFG ; elle le sera par conséquent aux lignes AG et AF, menées par son pied dans ce plan : en raisonnant de même pour Af et Ag, respectivement perpendiculaires aux plans AEG et AEF, on formera le tableau suivant :

Fig. 31.

Ae perpendiculaire sur AFG, l'est sur $\begin{cases} AF \\ AG \end{cases}$ ;

Af perpendiculaire sur AEG, l'est sur $\begin{cases} AE \\ AG \end{cases}$ ;

Ag perpendiculaire sur AEF, l'est sur $\begin{cases} AE \\ AF \end{cases}$.

Mais on voit que chacune des arêtes du premier angle

Fig. 1. trièdre se trouve répétée plusieurs fois ; on en conclura donc ce qui suit :

$$\text{AE perpendiculaire sur } \left\{ \begin{array}{c} Af \\ et \\ Ag \end{array} \right\}, \text{ l'est au plan Afg ;}$$

$$\text{AF perpendiculaire sur} \left\{ \begin{array}{c} Ae \\ et \\ Ag \end{array} \right\}, \text{ l'est au plan Aeg ;}$$

$$\text{AG perpendiculaire sur} \left\{ \begin{array}{c} Ae \\ et \\ Af \end{array} \right\}, \text{ l'est au plan Aef.}$$

Or, en vertu du lemme précédent, les lignes Ae et Ag font entre elles un angle supplément de celui qui mesure l'inclinaison des plans AFG et AEF, auxquels elles sont respectivement perpendiculaires ; il en sera de même des lignes AE, AG, et des plans Afg, Aef : donc les angles des arêtes de l'un des angles trièdres sont les supplémens de ceux des faces de l'autre, *et vice versâ* (*).

48. *Corollaire.* Il suit de là qu'on peut construire le développement d'un angle trièdre dans lequel on connaît les angles que ses faces font entre elles :

Car, si on développe un angle trièdre dont les arêtes fassent deux à deux, des angles qui soient les supplémens des angles donnés, on pourra, par les moyens indiqués n°ˢ 42 et 43, trouver les angles des faces de

---

(*) Ceci répond aux triangles sphériques supplémentaires. (*Trig.* 50.) On peut prouver par là que la somme des angles dièdres d'un angle trièdre est toujours $>$ 2 droits et $<$ 6 droits ; car la somme des trois angles dièdres du premier angle trièdre, et celle des angles plans du second sera toujours égale à 6 droits, tandis que celle des angles plans du deuxième angle trièdre sera $<$ 4 droits et $>$ o (*Géom.* 226.): il restera donc toujours plus de deux droits, et moins de six pour les angles dièdres du premier angle trièdre.

celui-ci, qui, d'après le théorème précédent, seront mesurés par les supplémens de ceux des arêtes de l'angle trièdre proposé. Dès qu'on sera parvenu à connaître ces derniers, on pourra développer l'angle trièdre auquel ils appartiennent, et trouver la projection de l'une quelconque de ses arêtes sur le plan des deux autres.

### PROBLÈME.

49. *Connaissant dans un angle trièdre, l'angle que forment deux arêtes, et ceux que la face qui les contient fait avec chacune des deux autres, trouver sur son plan, la projection de la troisième arête.*

La question proposée revient à celle-ci : *Connaissant les angles que deux plans font avec le plan horizontal, et les lignes suivant lesquelles ils le rencontrent, trouver la projection de leur commune section.*

Soient AE′ et Ae′ les communes sections des plans Fig. 32. proposés, avec le plan horizontal; G′E′F, g′e′f les angles que chacun des premiers forme avec le troisième ; en tirant, par un point g′ pris à volonté sur e′g′, une parallèle à Ae′, cette droite sera (28) la projection d'une ligne horizontale menée dans le plan Ae′f à la hauteur g′f.

Si l'on conçoit pareillement une ligne horizontale menée dans le plan AE′F, à la même hauteur, elle rencontrera nécessairement celle dont on vient de parler, dans un point de la commune section des deux plans proposés ; car elles déterminent ensemble un plan parallèle au plan horizontal : les projections de ces lignes se rencontreront par conséquent dans un point qui sera la projection de l'un de ceux de la troisième arête.

En prenant E′K′ égale à g′f, et menant K′F parallèle à E′G′, on trouvera un point F, tel que sa hauteur G′F au-dessus de sa projection, sera égale à g′f; et par con-

Fig. 32. séquent G′O′, parallèle à AE′ sera la projection de la droite horizontale menée dans le plan AE′F, à la même hauteur que la première que nous avons construite : O′ sera donc la projection d'un point pris sur la commune section des plans Ae′f et AE′F, ou sur la troisième arête. La hauteur du point dont O′ est la projection, est donnée par la construction même, puisqu'elle est égale à G′F, comme celle de tous les points qui répondent au-dessus des droites g′f et G′F.

PROBLÈME.

50. *Connaissant dans un angle trièdre deux faces et l'angle qu'elles comprennent, construire le développement de cet angle trièdre.*

Fig. 33. Supposons d'abord qu'on ait rabattu l'une des faces données Aff dans le plan de l'autre A$f$F; si par un point $f$, pris à volonté sur l'arête commune A$f$, on élève une perpendiculaire $f$f, elle décrira dans le développement, un plan perpendiculaire à cette arête. C'est dans ce plan que doit se trouver l'angle qui mesure celui que les faces données, font entre elles ; faisant donc sur $f$F, l'angle F″$f$F égal à l'angle connu, en prenant $f$F″ égale à $f$f, on aura ainsi la situation du point f à l'égard de la ligne $f$F, lorsqu'il est dans sa position naturelle. Mais il est aisé de voir que les trois points $f$, F″ et F, déterminent la base de la pyramide formée par l'angle trièdre proposé, et le plan qu'on a mené perpendiculairement à l'arête A$f$; de plus, la face qu'on cherche, devant s'appuyer sur AF, et se réunir avec les triangles A$f$f et F$f$f″, suivant les lignes Af et FF″, elle ne saurait être que le triangle AFF décrit sur les trois côtés AF, Af et FF″ (*).

---

(*) Ceux de nos lecteurs à qui la Trigonométrie sphérique est familière, reconnaîtront sans peine, dans les problèmes précédens,

## PROBLÈME.

51. *Les projections d'un point étant connues sur les plans coordonnés , projeter ce point sur d'autres plans donnés.*

La définition que nous avons donnée des projections, réduit le problème proposé à la recherche de la rencontre du plan donné, et de la perpendiculaire menée sur ce plan, par le point qu'on veut projeter de nouveau ; or il n'y a rien là qu'on ne puisse exécuter à l'aide de ce qui précède.

Mais ce qui caractérise particulièrement la question que nous avons en vue, c'est de marquer sur le plan donné le point, de rencontre dont on vient de parler, afin qu'en opérant semblablement sur plusieurs points de l'espace, on puisse déterminer leurs projections respectives sur ce plan.

Pour cela il faut déterminer la position de chacune des projections qu'on cherche, par rapport à deux droites prises dans le plan donné, et dont la situation soit connue à l'égard des plans coordonnés. La commune section du plan donné avec le plan horizontal, et celle qu'il aurait avec un plan vertical perpendiculaire à cette ligne, sont très propres à cet usage : il ne s'agit donc plus que de trouver la distance des projections cherchées, à chacune de ces droites. Soient $N'MN''$ le plan proposé, $P'$ et $P''$ les projections du point donné ; celles de la perpendiculaire menée de ce point sur le plan proposé, sont $P'p'$ sur le plan horizontal, et $q''q''$ sur le plan vertical perpendiculaire à $MN'$, qu'on sup-

Fig. 34.

---

les principales questions de cette Trigonométrie ; et cela leur suffira pour résoudre de la même manière toutes celles qui pourront se présenter.

Fig. 34. pose ici rabattu sur le plan horizontal après avoir tourné autour de N′E′ : on aura N′q″ (35) pour la distance du point de rencontre de la perpendiculaire et du plan proposé, à la droite MN′.

Si maintenant on conçoit que le plan N′MN″ tourne autour de la commune section MN′, pour se rabattre sur le plan horizontal, la ligne N′q″, qui, dans sa position naturelle, est perpendiculaire à MN′, viendra se coucher sur N′E′ ; d'où il suit que la projection cherchée sera à une distance de MN′ égale à N′p ; elle se trouvera donc sur pp′ parallèle à MN′ ; mais cette projection étant dans le plan vertical élevé sur P′p′, elle sera portée sur cette droite, dans le mouvement supposé, et par conséquent elle tombera en p′.

On pourra joindre à la projection qu'on vient de trouver, une autre projection sur le plan vertical passant par N′p, en observant que les hauteurs au-dessus du plan N′MM″ sont égales aux perpendiculaires, telles que e″q″, abaissées des points proposés, rapportés dans le plan vertical dont il s'agit, sur N′q″. Or cette droite se trouve couchée sur N′p, lorsqu'on a rabattu le nouveau plan de projection sur le plan horizontal ; c'est donc par le point p qu'on doit élever pp″ perpendiculaire à N′p et égale à e″q″.

Les nouveaux plans coordonnés sont le plan N′MN″ et un plan perpendiculaire à celui-ci, passant par N′p.

Je me suis un peu étendu sur ce problème, parce qu'il entre comme auxiliaire dans la solution de beaucoup d'autres.

52. *Corollaire I^{er}*. En rapportant de cette manière deux points sur le plan proposé N′MN″, on trouvera sur ce plan, la projection de la droite qu'ils déterminent.

**53.** *Corollaire II.* Réciproquement, lorsqu'on con- Fig. 34. naîtra la position d'un point par rapport aux nouveaux plans que nous venons de considérer, on pourra trouver ses projections sur les plans coordonnés primitifs.

On prendra $N'q''$ égale à $N'p$, et élevant $q''e''$ égale à $pp''$, perpendiculairement sur $N'q''$, on mènera $e''P'$ parallèle à $MN'$, qui par sa rencontre avec $P'p'$ donnera la projection cherchée sur le plan horizontal : celle-ci étant rapportée sur le plan vertical DAB, à une hauteur $PP''$, égale à $E'e''$, déterminera la projection $P''$ sur ce dernier plan.

### PROBLÈME.

**54.** *Deux plans étant donnés, ainsi qu'une ligne droite située dans l'un, mener dans l'autre une ligne qui fasse avec la première un angle donné.*

Il est évident que pour que ces deux lignes fassent entre elles un angle, il faut qu'elles se rencontrent ; et comme elles sont dans deux plans différens, cela ne peut arriver que dans la commune section de ces plans.

Cela posé, on fera sur le premier plan ABC, qui Fig. 35. contient la ligne donnée $G'E$, un angle $F'G'E$ égal à l'angle connu ; on concevra que cet angle tourne autour de $G'E$, jusqu'à ce que son autre côté $G'F'$ vienne s'appliquer sur le second plan CAD ; et comme le sommet $G'$ est déjà dans ce plan, il ne s'agit que de trouver encore un point qui soit sur la droite $G'F'$, prise dans cette position.

Si l'on mène sur $G'E$, par le point $E$, la perpendiculaire $EF'$, le point $F'$, dans le mouvement qu'on vient d'indiquer, décrira un cercle qui rencontrera le plan CAD au point cherché. Il est aisé de voir que le plan de ce cercle sera perpendiculaire au plan ABC ; car étant engendré par la ligne $EF'$, il sera perpendiculaire à la droite $G'E$ qui se trouve dans celui-ci : mais

Fig. 35. les points de rencontre du cercle avec le plan CAD, doivent être placés sur la droite qui est l'intersection de ce plan avec celui qui est engendré par $EF'$, et qui contient le cercle dont il s'agit. On a donc dans un seul plan tout ce qu'il faut pour résoudre la question proposée; car on peut, par le problème précédent, trouver dans ce plan, sa commune section avec CAD, et décrire le cercle engendré par le point F'.

Supposons donc que le plan décrit par $EF'$ soit rabattu sur le plan horizontal ABC; sa commune section $EE''$ avec le plan vertical étant perpendiculaire à $EF'$, tombera sur $G'E$, et le point E'' sera porté en E : voilà déjà un des points de la commune section du plan $E''EF'$ avec le plan CAD. Pour en trouver un autre, je cherche la hauteur $FF''$ du point correspondant à F' dans le plan CAD ; car ce point étant placé dans la verticale élevée en F', sera aussi dans le plan $E''EF'$. Prenant FF' égale à $FF'''$, la droite FE sera la commune section cherchée du plan CAD avec le plan vertical élevé sur $EF'$; le cercle F'Kk, décrit du point $E$ comme centre et d'un rayon $EF'$, la rencontre en K et k : il ne faut plus que rapporter ces points sur le plan ABC, opération suffisamment indiquée dans la figure.

Le problème a deux solutions; car G'F', dans le mouvement qu'on lui suppose, décrit un cône qui doit en général rencontrer deux fois le plan CAD. Il peut arriver aussi que ce plan ne soit que touché par les cônes, et enfin qu'il n'en soit pas même atteint.

Il est à propos de remarquer que l'angle DAB est la projection sur le plan vertical, de l'angle F'G'E situé dans la position qu'il doit avoir, et que par conséquent on aurait pu énoncer la question suivante :

*Connaissant la projection d'un angle, et la position d'un de ses côtés, trouver celle de l'autre.*

## PROBLÈME.

55. *Les projections d'une droite située dans l'espace étant données, mener un plan qui passe par cette droite, et qui fasse avec le plan horizontal un angle donné.*

Soient P'G' et P"G les projections de la droite don-Fig. 36. née; supposons que le plan cherché soit N"MN', et qu'on ait sa commune section avec le plan horizontal : il est évident qu'elle doit passer par le point G', où la ligne donnée rencontre celui-ci.

Concevons à présent qu'on ait mené par un point P de la ligne donnée, un plan perpendiculaire à cette commune section; les lignes P'E', PE', P'P, suivant lesquelles ce nouveau plan rencontre l'horizontal, le plan donné et le plan projetant de la droite donnée, forment un triangle rectangle en P', dans lequel on connaît le côté P'P et l'angle PE'P' : il est donc facile de le construire, ce qui déterminera P'E'. Mais parce que le plan PE'P' est perpendiculaire à la ligne G'N', le triangle G'E'P' sera rectangle en E'; on y connaît d'ailleurs les côtés G'P' et P'E'; on pourra donc le construire, et trouver le point E', ce qui donnera la commune section G'N' du plan horizontal avec le plan cherché : il ne faudra plus qu'assujettir celui-ci à passer par le point P de la ligne donnée, ce qui sera facile (31).

La seconde figure de cet article a les mêmes lettres que la première : elle renferme de plus la construction des triangles rectangles e'P'P et G'P'E'; le premier a pour côté P'P égal à PP", et l'angle e'PP' est le complément de l'angle donné. On décrit ensuite sur G'P', comme diamètre, un cercle dans lequel on prend la corde P'E' égale à P'e'; le triangle P'E'G' construit ainsi, est le même que le triangle P'E'G' de la première figure.

Fig. 36.    **56.** *Corollaire.* Si le plan cherché devait faire l'angle donné, non pas avec le plan horizontal, mais avec un plan quelconque, il faudrait projeter la ligne donnée sur ce plan, ainsi qu'il a été dit, n° 52 ; et le problème reviendrait alors au précédent. Lorsqu'on aurait trouvé la commune section du plan donné et du plan cherché, on aurait deux droites qui détermineraient ce dernier.

## PROBLÈME.

**57.** *Deux droites qui ne se coupent point, étant données dans l'espace, trouver leur plus courte distance.*

Supposons d'abord que l'une des droites données soit perpendiculaire au plan horizontal, elle y sera repré-

Fig. 37. sentée dans un seul point $M'$ ; et sur le plan vertical, sa projection sera $MM''$ perpendiculaire à $AB$.

On mènera $M'P'$ perpendiculaire à $P'H'$, projection de la deuxième droite donnée sur le plan horizontal, et ce sera la plus courte distance demandée.

En effet, on a vu, n° 16, que la distance de deux points donnés de l'espace, et sa projection sur le plan horizontal, font partie d'un triangle rectangle, dont la première est l'hypoténuse, et la seconde le côté ; il suit donc de là que celle-ci est plus courte que l'autre. Or $M'P'$ étant perpendiculaire sur $P'H'$, est la plus courte de toutes les projections horizontales des distances des points pris sur les deux lignes données ; et cette projection n'est autre chose que la distance de deux points placés à la même hauteur au-dessus du plan horizontal, dans l'une et l'autre droite : ainsi, d'après ce qui précède, il est évident que cette distance est la plus courte qui puisse exister entre les lignes données.

On trouvera les points où elle a lieu, en cherchant, sur la ligne $P''H''$, le point correspondant à $P'$, et en prenant sur la projection verticale de l'autre droite donnée, un point M″ placé à même hauteur au-dessus Fig. 37. du plan horizontal.

Si les droites étaient situées d'une manière quelconque par rapport aux plans coordonnés, on les projetterait (52) sur un plan perpendiculaire à l'une d'elles ; et la solution qu'on vient de donner serait alors applicable à ce cas général.

58. On peut encore trouver la plus courte distance Fig. 38. de deux droites M′N′ et EF, en menant, par la première, un plan H′G′ parallèle à la seconde ( *Géom.* 218), puis en abaissant d'un point quelconque de la seconde, une perpendiculaire EE′ sur ce plan ; cette perpendiculaire est la plus courte distance cherchée, et détermine le plan FEE′ qui rencontre la droite M′N′ au point P′, où cette droite s'approche le plus de EF. Voici comment on effectue ces opérations.

$$\left.\begin{array}{l} EP'' \\ et \\ E'P' \end{array}\right\}$$ sont les projections de la première ligne donnée ;     Fig. 39.

$$\left.\begin{array}{l} OM \\ et \\ O'M \end{array}\right\}$$ celles de la seconde.

E′ est le point où la première ligne donnée rencontre le plan horizontal ; et E′L′, EL″ sont les projections d'une ligne menée par ce point, parallèlement à la seconde ligne donnée, pour déterminer un plan qui soit parallèle à cette dernière.

On a construit, par le procédé du n° 36, le plan qui passe par la ligne menée ci-dessus, et par la première des droites données ; ce plan est G′GG″ ; et comme il est parallèle à la seconde droite donnée, il ne s'agit plus que d'abaisser d'un point quelconque de cette dernière, une perpendiculaire sur ce plan : c'est ce qui a été fait par le point dont les projections sont O′ et O.

Fig. 39. On a cherché, ainsi qu'il a été dit n° 25, la rencontre de cette perpendiculaire avec le plan $G'GG''$, et on a trouvé $N'$ et $N''$ pour ses projections.

Afin de connaître le point où la plus courte distance a lieu, on a tiré par le point $N'$, parallèlement à $MO'$, projection horizontale de la seconde droite, une ligne $N'P'$ qui est évidemment la projection, sur le plan horizontal, de la rencontre du plan $G'GG''$, avec un plan qui lui serait perpendiculaire, et qu'on aurait mené par la deuxième droite donnée, puisqu'elle appartient à une droite parallèle à celle-ci, et qui passe par le pied de la perpendiculaire abaissée de cette droite sur le plan dont il s'agit; ou autrement, c'est la projection de $E'F'$ ( *fig.* 38 ).

Le point $P'$ où la ligne $N'P'$ rencontre la projection horizontale $E'P'$ de la première ligne donnée, est la projection du point $P'$ de la fig. 38, et par conséquent celle du point où la première droite s'approche le plus qu'il est possible de la seconde. La droite élevée par ce dernier, perpendiculairement au plan $G'GG''$, est la plus courte distance demandée; ses projections sont $P'K'$, $P''K''$, parallèles à $N'O'$, $N''O$; et on trouvera sa longueur par le n° 16.

THÉORÈME.

59. *La somme des quarrés des cosinus des angles qu'un plan quelconque fait avec trois autres perpendiculaires entre eux, est égale au quarré du rayon.*

Fig. 40. Si par le point $M$, on imagine un plan perpendiculaire à la droite $AM$, les intersections $BN'$, $BN''$ et $CN'''$, de ce plan, avec chacun des plans coordonnés, seront respectivement perpendiculaires aux projections $M'A$, $M''A$ et $M'''A$ de la ligne $AM$; et les plans projetans $AN'M$, $AN''M$, $AN'''M$ appartenans à cette droite, détermineront, par leurs intersections avec le plan

N"NN"' et les plans coordonnés, les angles que celui-ci Fig. 40
forme avec chacun des derniers.

Dans les triangles AM'M, AM"M, AM"'M, les lignes
MM', MM", MM"', représenteront les sinus des angles
MAM', MAM", MAM"', en prenant AM pour rayon, ou
les cosinus des angles AN'M, AN"M, AN"'M, dans les
triangles AN'M, AN"M, AN"'M, tous rectangles en M;
d'où il suit (24) que la somme des quarrés des cosinus
des angles que fait un plan quelconque avec trois autres
perpendiculaires entre eux, est égale au quarré du rayon.

60. LEMME. *Si l'on a une figure quelconque tracée
sur un plan incliné, et qu'on la projette sur le plan horizontal, par des perpendiculaires abaissées de tous les
points de son contour sur ce plan, l'aire de la projection
sera à celle de la figure proposée, comme le cosinus de
l'angle des deux plans est au rayon.*

En effet, soit un trapèze MNPQ, dont les côtés MN Fig. 41.
et PQ soient perpendiculaires à la commune section AC
des plans BAC et DAC; il est aisé de voir que les longueurs des projections M'N' et P'Q' sont à celles des
côtés correspondans MN et PQ, comme le cosinus de
l'angle M'G'M est au rayon; car, à cause des parallèles
MM' et NN', on a

N'M : NM :: G'M' : G'M :: cos M'G'M : rayon.

Les triangles P'H'P et Q'H'Q, sont semblables aux
triangles N'G'N et M'G'M; les parties des premiers seront par conséquent dans les mêmes rapports que celles
des seconds.

De plus, il est clair que le trapèze MNPQ et sa projection M'N'P'Q' sont de la même largeur; ils doivent
donc être dans le rapport des sommes de leurs côtés
parallèles, ou, ce qui revient au même, dans celui de
leurs longueurs : on a donc

M'N'P'Q' : MNPQ :: cos M'G'M : rayon.

Fig. 42. Ce que nous venons de dire du trapèze, convient à un triangle quelconque. En effet, soit le triangle ABC situé dans un plan incliné dont la commune section avec le plan horizontal soit G′H′; si on mène AD et CE, perpendiculaires à cette ligne, et qu'on tire par le point B, la droite DE parallèle au côté AC, il est évident que le triangle ABC sera moitié du parallélogramme total DACE, car ils auront l'un et l'autre même base et même hauteur; et cette dernière figure, ayant ses côtés perpendiculaires à la commune section G′H′, sera dans le cas du raisonnement que nous avons fait pour le trapèze MNPQ de la fig. 41.

Toute figure pouvant être partagée en trapèzes et en triangles, il s'en suit que la proposition du lemme est générale, comme le porte son énoncé.

61. *Corollaire.* Il suit du théorème et du lemme précédent, *que si l'on projette une figure plane quelconque, sur trois plans perpendiculaires entre eux, la somme des quarrés des aires de ses projections est égale au quarré de l'aire de la figure proposée.*

Pour démontrer cette vérité, soient S l'aire de la figure proposée, S′, S″ et S‴, celles de ses projections; en nommant A′ l'angle que le plan qui la contient fait avec le premier des plans coordonnés, A″ celui qu'il fait avec le second, A‴ celui qu'il fait avec le troisième, et R le rayon des tables trigonométriques, on aura

$$S : S' : S'' : S''' :: R : \cos A' : \cos A'' : \cos A''',$$

et en prenant les quarrés,

$$S^2 : S'^2 : S''^2 : S'''^2 :: R^2 : \cos A'^2 : \cos A''^2 : \cos A'''^2;$$

d'où l'on tire

$$S^2 : S'^2 + S''^2 + S'''^2 :: R^2 : \cos A'^2 + \cos A''^2 + \cos A'''^2;$$

mais par le théorème cite, les deux derniers termes de

cette proportion sont égaux entre eux : il en sera donc Fig. 42.
de même des deux premiers.

On ne saurait concevoir en Géométrie le quarré d'une
aire, puisque cela supposerait quatre dimensions ; mais
il faut entendre ici que cette aire et ses projections sont
entre elles dans des rapports de lignes telles, que le
quarré de la première est égal à la somme des quarrés
des trois autres. Il suit de là que le quarré du nombre
d'unités de l'aire de la figure proposée, est égal à
la somme des quarrés de chaque nombre d'unités pa-
reilles contenues dans ses projections.

62. *Remarque.* On peut arriver immédiatement à un
théorème sur les tétraèdres rectangulaires, qui n'est
qu'un cas particulier de la proposition précédente.

En effet, soit ABCD une pyramide triangulaire dont Fig. 43.
trois faces soient perpendiculaires entre elles ; il suit de
cette hypothèse que les triangles DAC, DAB et BAC,
qui forment ces faces, sont les projections du triangle
*hypoténusal* BDC : mais à cause que AD est perpendiculaire sur le plan BAC, on a

$$\left. \begin{array}{l} DAC = \dfrac{AC \times AD}{2} \\[2ex] DAB = \dfrac{AB \times AD}{2} \end{array} \right\} ; \text{ d'où l'on tire, en quarrant,}$$

$$\overline{DAC}^2 + \overline{DAB}^2 = \frac{\overline{AC}^2 \times \overline{AD}^2 + \overline{AB}^2 \times \overline{AD}^2}{4}, \text{ ou}$$

$$= \left( \frac{\overline{AC}^2 + \overline{AB}^2}{4} \right) \times \overline{AD}^2. \text{ De plus, le triangle rectangle}$$

BAC, donnant

$$\overline{AC}^2 + \overline{AB}^2 = \overline{BC}^2,$$

*Compl. de la Géom.* 5ᵉ édit.                    4

Fig. 43. il vient
$$\overline{DAC}^2 + \overline{DAB}^2 = \frac{\overline{BC}^2 \times \overline{AD}^2}{4}.$$

Soit mené par la ligne AD, le plan DAE perpendiculaire sur BC; il rencontrera BAC et DBC, suivant les droites AE et DE, toutes deux perpendiculaires à BC; on aura donc

$$BAC = \frac{BC \times AE}{2} \quad \text{et} \quad BCD = \frac{BC \times DE}{2};$$

quarrant les deux membres de chacune de ces équations, et ajoutant la première, ainsi préparée, avec celle qu'on a déjà obtenue, on trouvera

$$\overline{DAC}^2 + \overline{DAB}^2 + \overline{BAC}^2 = \frac{\overline{BC}^2 \times \overline{AD}^2}{4} + \frac{\overline{BC}^2 \times \overline{AE}^2}{4}$$
$$= \left(\frac{\overline{AD}^2 + \overline{AE}^2}{4}\right) \times \overline{BC}^2.$$

Mais on a dans le triangle rectangle DAE,

$$\overline{AD}^2 + \overline{AE}^2 = \overline{DE}^2;$$

donc

$$\overline{DAC}^2 + \overline{DAB}^2 + \overline{BAC}^2 = \frac{\overline{BC}^2 \times \overline{DE}^2}{4},$$

c'est-à-dire $= \overline{BCD}^2$, en vertu de la seconde équation trouvée plus haut.

Il serait facile de déduire de ce théorème la proposition générale contenue dans le corollaire précédent.

Elle a été publiée pour la première fois, par Tinseau dans le tome IX des *Savans étrangers*; mais Degua l'a revendiquée dans les *Mémoires de l'Académie des Sciences*, pour 1783 (page 381), où il traite spécialement des pyramides triangulaires.

## DE LA SPHÈRE.

### PROBLÈME.

**63.** *Trouver la position et la grandeur du cercle qui est l'intersection d'une sphère et d'un plan donnés.*

Il suffit pour cela (*Géom.* 285) d'abaisser une perpendiculaire du centre de la sphère sur le plan coupant ; et ayant déterminé la rencontre de cette ligne et du plan proposé, on aura le centre du cercle demandé.

L'opération sera très simple, si on prend le plan des Fig. 44. projections verticales DAB, perpendiculaire à la commune section AC du plan proposé et du plan horizontal, ce qui est toujours possible. Alors O′ et O″ étant les projections du centre de la sphère, si on la suppose coupée par un plan vertical mené par la ligne H′O′ perpendiculaire à AC, ce plan passera par le centre de la sphère, et contiendra la perpendiculaire abaissée de ce point sur le plan proposé DAC ; mais il est parallèle au plan vertical DAB : on peut donc imaginer qu'il vienne s'appliquer sur celui-ci, sans qu'aucune des lignes qu'il renferme change de grandeur ni de position par rapport à la commune section H′O′, qui tombera alors sur AB. Cela posé, M″E″N″ sera le grand cercle qui résulte de la section de la sphère par le plan vertical dont on vient de parler ; la perpendiculaire O″G″ déterminera (35) la projection G″ du centre de la section cherchée, sur le plan vertical DAB. On en déduira la projection horizontale G′ ; et rapportant (51) ce centre en G, sur le plan DAC supposé rabattu dans le plan horizontal, on décrira avec le rayon G″M″ le cercle MN qui sera la commune section de la sphère et du plan proposés (*).

---

(*) La projection de ce cercle sur le plan horizontal, serait une

4..

## THÉORÈME.

*64. Si l'on joint deux points d'une sphère par une droite, et qu'on élève un plan perpendiculaire sur le milieu de leur distance, ce plan passera par le centre de la sphère.*

En effet, ce plan passant par tous les points également éloignés des deux points proposés, passera nécessairement par le centre de la sphère qui jouit de cette propriété.

## PROBLÈME.

*65. Trouver le centre et le rayon d'une sphère, lorsqu'on connaît la position de quatre points par lesquels elle doit passer.*

On joindra, sur chacun des plans coordonnés, la projection d'un de ces points avec celle des autres, par trois lignes droites, qui seront les projections des lignes menées par les points donnés dans l'espace ; on élèvera sur le milieu de chacune de ces dernières un plan qui lui soit perpendiculaire : ces trois plans devant contenir le centre de la sphère, il sera placé à leur intersection qu'on trouvera aisément (23, 25).

Quant au rayon de la sphère, il n'est autre que la distance du centre à l'un des points donnés ; et sa construction sera facile, lorsqu'on connaîtra la position de ce centre.

Nous n'entrerons point dans le détail des opérations

---

ellipse qui aurait son centre en G′ et son petit axe égal à *MN*. Je ne l'ai point construite, parce que le cercle MN se décrit plus facilement, et peut tenir lieu de cette projection. On voit que M″N″ : *MN* :: AM″ : *AM*, c'est-à-dire, que le grand axe est au petit axe, comme le rayon est au cosinus de l'angle formé par le plan du cercle et le plan horizontal.

à exécuter pour résoudre ce problème, puisque nous les avons déjà exposées chacune en particulier ; nous placerons ici une seconde solution relative à un cas plus simple que le cas général, mais auquel celui-ci peut se ramener aisément.

Soient P', Q' et $R$ trois points donnés, situés sur le plan horizontal ; par l'un de ces points, $R$, et par la projection du quatrième $E$, on mènera le plan vertical DAB ; on déterminera le centre O' du cercle qui passe par les trois points P', Q' et $R$ : il est clair que la verticale élevée par ce point passera par le centre de la sphère. Mais il est facile de mener un plan perpendiculaire sur le milieu H″ de la ligne $RE''$ qui joint les deux points donnés $R$ et E″ ; ce plan coupera, en O″, la projection de la verticale élevée par le point O'. On aura par ce procédé la projection du centre de la sphère sur le plan vertical ; et comme on l'a déjà sur le plan horizontal, il sera facile de trouver le rayon, qui n'est que la distance du centre à l'un des points donnés.

Il est évident que ce procédé s'appliquerait au cas général, en cherchant d'abord le plan qui passe par trois quelconques des points donnés (*).

Fig. 45.

### PROBLÈME.

66. *Trouver l'intersection de deux sphères données de grandeur et de position.*

Il est évident que cette intersection est un cercle ; car si on conçoit un plan vertical MNN'M' passant par le centre des deux sphères, il les coupera respectivement dans leurs grands cercles GIE et GIF ; et si

Fig. 46.

---

(*) Ce problème se trouve dans les *Opera varia* de Fermat, à la tête de son Traité *de Contactibus Sphericis* (page 74), et il est résolu à peu près comme ci-dessus.

Fig. 46. l'on imagine ensuite que ces cercles tournent autour de la ligne MN qui joint leurs centres, ce mouvement engendrera les deux sphères à la fois, tandis que les points I et G en produiront la commune section, qui, comme on le voit, sera un cercle ayant pour rayon GH, et situé dans un plan perpendiculaire à MN.

Cette commune section est entièrement déterminée, et peut être aisément décrite (63); car son rayon est IH, et son plan GO'K', perpendiculaire à MN, rencontre BAD suivant GO', et BAC suivant K'O' perpendiculaire à AN'.

67. *Corollaire I.* Si l'on avait trois sphères, on trouverait de la manière suivante les deux points où elles se rencontrent toutes à la fois.

On combinerait ensemble la première et la deuxième pour en trouver l'intersection, ainsi qu'on l'a fait dans le problème précédent; ensuite on opérerait semblablement sur la première et la troisième : on aurait de cette manière deux plans qui contiendraient les points cherchés; et lorsqu'on aurait construit dans l'un, la droite suivant laquelle ils se rencontrent, il ne s'agirait plus que de déterminer ses intersections avec le cercle qui est la rencontre de l'une des sphères et du plan sur lequel on a construit.

Je laisse au lecteur le soin d'exécuter les détails de cette solution, ce qu'on peut faire avec plus ou moins d'adresse par les méthodes que j'ai exposées dans le cours de cet ouvrage; j'indiquerai seulement la route à suivre pour les cas où les centres des trois sphères seraient placés sur le plan horizontal. Il est évident qu'on peut ramener tous les autres à celui-là, en changeant convenablement de plans coordonnés.

Fig. 47. Soient donc M', N' et P', les centres de trois sphères données; il est évident que la commune section des deux Fig. 47. premières se trouvera dans le plan vertical élevé sur la ligne G'I' ( n° précédent ). En combinant ensemble la première sphère et celle qui a son centre au point P', on trouvera une seconde ligne i'g' par laquelle passera le plan vertical contenant la commune section de ces sphères.

Le point H' qui représente la projection de la ligne suivant laquelle se coupent ces deux plans verticaux, sera aussi la projection des points d'intersection demandés, sur le plan horizontal.

Si maintenant on décrit sur g'i' le cercle qui est la commune section de la première et de la troisième sphère, on trouvera deux points H, qui donneront H'H pour la distance de ceux qu'on cherche, au plan horizontal; l'un sera placé au-dessus et l'autre au-dessous.

Il est aisé de voir que nous avons résolu dans ce corollaire cette question intéressante : *Trouver les projections d'un point, lorsqu'on connaît ses distances à trois autres points qui sont donnés de position.*

68. *Corollaire II.* Si on relève les triangles M'P'g', N'P'K' et N'M'I', en les faisant tourner autour des lignes P'M', P'N' et N'M', les points g', K' et I', se réuniront dans un seul, et il en résultera une pyramide dont la base sera le triangle M'N'P', et les arêtes seront les rayons des sphères données : nous avons donc le moyen de construire une pyramide triangulaire dont on connaît toutes les arêtes, et d'en trouver la hauteur, les angles, etc.

PROBLÈME.

69. *Mener un plan qui touche dans un point donné, une sphère donnée.*

Il suffit pour cela ( *Géom.* 294) de mener un rayon

par le point proposé, et de construire le plan qui est perpendiculaire à l'extrémité de ce rayon.

Tout ceci s'exécute sans aucune difficulté ; il est bon seulement de remarquer comment un point peut être donné sur la surface d'une sphère. Il existe entre les deux projections de ce point une dépendance mutuelle qui fait que l'une étant prise à volonté, l'autre s'ensuit nécessairement.

En effet, on voit d'abord que la projection sur le plan horizontal, par exemple, ne doit pas se trouver hors du cercle qui a pour rayon celui de la sphère, et pour centre la projection du centre de celle-ci sur le plan horizontal ; car si on imagine un plan passant par le centre de la sphère et parallèle au plan horizontal, il la coupera dans un grand cercle, qui étant projeté sur celui-ci, ne changera pas de grandeur, puisque l'ensemble des perpendiculaires abaissées pour former sa projection, composera un cylindre droit dont la base est toujours égale aux sections faites par les plans qui lui sont parallèles.

Fig. 48.  Cela posé, ayant pris le point P′ pour la projection d'un point de la sphère sur le plan horizontal, on construira aisément la section de la sphère par le plan vertical mené par ce point et le centre, puisque cette section est un grand cercle ; et élevant la perpendiculaire P′P, on trouvera les hauteurs du point proposé au-dessus du plan horizontal.

L'inspection de la figure fait connaître qu'il y a deux points de la sphère qui ont la même projection sur le plan horizontal ; et pour mener les plans tangens aux points P, il suffira de construire par ces deux points un plan perpendiculaire à chacun des rayons **MP**, ainsi qu'on l'a vu n° 35.

70. *Remarque.* Nous avons toujours exécuté les

constructions dans les plans qui les contiennent réelle- Fig. 48.
ment, parce qu'il en résulte une plus grande facilité
pour se représenter l'état de la question, en concevant que ces plans soient relevés dans la situation qu'ils
ont dans l'espace.

Ce moyen très commode, souvent même nécessaire
pour les démonstrations, ne convient pas toujours à la
pratique, dans laquelle il est important de faire le plus
petit nombre d'opérations possibles, surtout lorsque
l'on trace en grand, et de choisir ces opérations d'une
manière convenable à la nature des instrumens qu'on
emploie.

Il faut alors tirer parti des lignes menées et des plans
déjà établis dans la figure, ce qui exige dans l'exposé
des solutions quelques détails de plus, et justifie un
peu la prolixité des descriptions d'*épures* (*) données
par ceux qui n'ont envisagé cette branche de la Géométrie que du côté de ses applications aux arts seulement.

Pour moi, qui me suis proposé de la réduire à un
petit nombre de questions élémentaires et liées entre
elles, j'ai dû choisir une marche telle, que la solution
de chaque problème fût aisée à énoncer et à suivre;
cependant pour faire connaître en quoi peuvent con-
sister les simplifications dont je viens de parler, je vais
montrer comment, avec le plan vertical et le plan horizontal seuls, on peut avoir les projections de tous les
points d'une sphère.

Il est évident que le plan vertical P'M'MP, peut
être conçu enlevé de sa place, et transporté sur le
plan coordonné DAB, de manière que l'angle droit

---

(*) On appelle *épure*, en terme de coupe des pierres, la construction exécutée d'un problème de ce genre.

Fig. 48. MM'P' soit appliqué sur l'angle droit M″*M*A ; alors toutes les constructions qu'on suppose sur le premier plan, dont la position change avec celle du point que l'on considère, pourront s'exécuter sur le second d'une manière uniforme pour tous les cas. Ainsi on prendra *M*p égale à M'P', et on élèvera pp″ perpendiculaire sur AB ; elle rencontrera le grand cercle de la sphère tracé sur le plan DAB, en deux points p″,p″, qui donneront les hauteurs des points P de l'espace.

Si on rapporte ensuite le point P' sur le plan DAB, on aura en P″, les projections verticales des deux points de la sphère qui répondent au point P' du plan horizontal.

Pour construire le plan tangent, il ne s'agira plus que de mener un plan perpendiculaire à l'extrémité du rayon de la sphère qui passe par le point donné, et dont on a les projections.

## PROBLÈME.

71. *Mener par une ligne donnée un plan tangent à une sphère donnée.*

Nous ne nous proposerons pas de mener par un point donné pris hors d'une sphère, un plan qui lui soit tangent, parce que cette question est indéterminée, comme il est aisé de le voir en imaginant que le plan tourne autour du point proposé, ce qu'il peut faire sans cesser pour cela de toucher la sphère : il n'en est pas de même, si on se donne une ligne droite.

Pour résoudre cette question, il faut mener par le centre de la sphère un plan perpendiculaire à cette ligne, chercher le point où il la rencontre, et par ce point mener une tangente au grand cercle, qui est l'intersection de la sphère et du plan perpendiculaire à la ligne donnée ; celle-ci et la tangente dont on vient de parler déterminent le plan demandé.

La raison de cette construction est aisée à apercevoir en imaginant un plan M'P'F', mené par le centre Fig. 49. de la sphère et la ligne donnée F'E', ainsi que le plan M'P'N perpendiculaire à cette ligne ; car alors il suit du n° 35, que le plan NP'F' est perpendiculaire au point N de la droite M'N, et que par conséquent il touche la sphère au point N.

## PROBLÈME.

72. *Mener un plan qui repose sur trois sphères données de grandeur et de position.*

Je suppose qu'on ait pris pour plan de projection horizontale, celui qui passe par les centres des trois sphères, ce qui est toujours possible.

Soit menée une tangente HM commune aux deux Fig 50. grands cercles qui sont les intersections de la première et de la deuxième sphère, avec le plan horizontal, et dont les centres se trouvent en F et en E ; on concevra ensuite que l'angle HMF, et tout ce qu'il contient, tourne autour de la ligne MF : les deux circonférences qui ont leur centre sur cette ligne, engendreront les deux sphères proposées, continuellement touchées par la droite HM dans les différentes positions qu'elle prendra. L'ensemble de ces positions formera un cône droit ; car les points de contact seront tous sur les cercles décrits par les points H et K.

On arrivera aux mêmes conséquences pour les sphères dont les centres sont en F et en G, et la ligne OL engendrera pareillement un cône droit qui enveloppera ces deux corps.

Cela posé, on voit évidemment que les deux cercles décrits par les points O et H, placés sur la même

Fig. 5o. sphère, se rencontreront dans un point qui appartiendra en même temps aux deux cônes enveloppans, et dont on trouvera la projection sur le plan horizontal, en menant OR et HR respectivement perpendiculaires à FL et à FM, puisque ces droites représentent les intersections de ce plan avec ceux dans lesquels se trouvent les cercles dont il s'agit.

Le point dont R est la projection horizontale, étant construit, chacune des lignes tirées de ce point aux sommets L et M des cônes enveloppans, touchera deux des trois sphères, et elles détermineront un plan qui les touchera toutes trois; car il touchera d'abord la première, parce que, passant par deux tangentes au point dont R est la projection, il sera perpendiculaire au rayon tiré à ce point; il touchera ensuite les deux autres sphères, parce que les droites GN et KE, rayons de celles-ci, étant en situation, lui sont perpendiculaires, comme parallèles au rayon tiré du centre de la première sphère au point dont R est la projection.

Le même plan rencontrera le plan horizontal suivant la ligne LM qui joint les sommets des cônes; il ne faudra plus que l'assujettir à toucher l'une quelconque des trois sphères, ou à passer par le point dont R est la projection horizontale, ce qui est facile.

73. *Remarque*. La question proposée est donc réduite à trouver les points de concours L et M, des tangentes communes de deux cercles, avec la ligne qui joint leurs centres.

Ce problème, qui est du ressort de la Géométrie ordinaire, n'entre pas dans notre sujet; cependant comme il ne se trouve pas dans tous les livres élémentaires, nous en donnerons une solution dont l'auteur nous

est inconnu, mais qui est remarquable par sa sim- Fig. 5o.
plicité.

Sur la distance GF des deux centres, comme diamètre, on décrit la demi-circonférence FPG; on décrit aussi du point F comme centre, un arc de cercle d'un rayon FQ égal à la différence des rayons des cercles donnés, et par le point P où cet arc rencontre le premier, on mène le rayon OF qui détermine sur la circonférence du plus grand des deux cercles donnés, le point O par lequel doit être menée leur tangente commune.

La démonstration de cette construction est très simple. Il est aisé de voir que l'angle FPG est droit; d'où il suit que OL est parallèle à PG, et s'en trouve éloignée d'une quantité OP qui, par construction, est égale au rayon NG du petit cercle.

74. *Corollaire.* Si on imagine un troisième cône qui enveloppe les deux sphères dont les centres sont en E et G, il suit de ce qui vient d'être dit, que ce cône sera formé par toutes les droites qui pourront toucher à la fois ces deux sphères; il contiendra par conséquent sur sa surface, la ligne qui joint les points de contact de chacune d'elles et du plan construit précédemment. Ce cône sera donc touché par le plan dont il s'agit, et cela dans toute l'étendue d'une ligne droite qui passera nécessairement par son sommet, point qui doit aussi se trouver dans le plan qui contient les centres des sphères proposées : il est donc sur la droite LM, intersection de ce plan avec le plan tangent.

De là découle naturellement cette conséquence, que les points de concours des tangentes communes à trois cercles combinés deux à deux, sont placés sur une

Fig. 50. même ligne droite; proposition dont je dois la connaissance à Monge (*).

---

(*) Le point de rencontre des tangentes communes à deux cercles peut aussi se trouver entre ces cercles; par la même raison, on peut mener des plans tangens communs à trois sphères qui ne les touchent pas toutes d'un même côté. On pourrait demander, par exemple, que l'une d'elles fût touchée dans sa partie inférieure, et les deux autres dans leur partie supérieure. En combinant ces conditions, on trouverait que le problème du n° 72 est susceptible de huit solutions, mais qui se déduisent toutes de la même construction; et il nous suffit de les avoir indiquées, sans entrer dans des détails qui n'ont aucune application utile.

**FIN DE LA PREMIÈRE PARTIE.**

# SECONDE PARTIE.

## DE LA GÉNÉRATION DES SURFACES.

Dans toutes les questions qui m'ont occupé jusqu'à présent, j'ai déterminé les points cherchés par des intersections de plans, et je les ai regardées comme résolues toutes les fois que j'ai pu assigner la position de ces plans.

Les problèmes d'un genre plus relevé dépendent des surfaces courbes ; il est donc à propos, avant de chercher à les résoudre, de faire connaître ces surfaces.

De même qu'une ligne courbe tracée sur un plan est une suite de points distingués des autres par une propriété commune, ou, ce qui revient au même, par des rapports entre certaines droites menées de ces points à des lignes ou à des points donnés, de même aussi une surface courbe est l'ensemble des points de l'espace qui jouissent d'une propriété commune, ou qui donnent lieu à certaines relations entre les distances de ces points à des lignes ou à des plans donnés.

Un point qui se meut suivant une loi quelconque, sur un plan, décrit une courbe. Une ligne courbe qui se meut dans l'espace, ou qui change à la fois de grandeur et de position suivant une loi déterminée, engendre une surface courbe, qui n'est autre chose que l'ensemble des positions successives qu'elle a occupées, ou des formes qu'elle a prises.

Je vais considérer d'abord les surfaces composées de lignes droites.

## DES SURFACES CONIQUES.

**75.** Si l'on conçoit qu'une ligne droite qui se meut dans l'espace, soit assujettie à passer constamment par un point donné, et à suivre le contour d'une courbe donnée de position sur un plan, elle formera une surface dont le cône n'est qu'un cas particulier, et dans lequel la courbe prise pour diriger le mouvement de la ligne droite est un cercle. Construire cette surface, c'est assigner la position de tous ses points relativement à un plan donné, et ce but est rempli lorsqu'on est parvenu à connaître pour chaque point du plan horizontal, la hauteur de celui qui lui correspond dans la surface proposée, ou sa projection sur un plan vertical donné.

Les surfaces de ce genre étant coupées par des plans verticaux assujettis à passer par le sommet, les sections sont des lignes droites. Si par un point pris sur le plan horizontal, et par le sommet du cône, on mène un plan vertical, sa rencontre avec la courbe donnée fera connaître un point de la ligne droite cherchée, qui doit passer aussi par le sommet du cône. Cette ligne se trouvant tout entière sur la surface du cône, donnera la position d'une infinité de points de cette surface.

Les surfaces coniques coupées par des plans parallèles entre eux, donnent pour sections des courbes semblables entre elles.

Les cônes sont aux pyramides ce que les courbes sont aux polygones inscrits et circonscrits.

Fig. 51.    Soit, par exemple, la courbe H'X' tracée sur le plan horizontal, et supposons que la droite MH' qui doit se mouvoir le long de cette courbe, soit assujettie à passer constamment par le point M; voici comment on pourra trouver la hauteur PP' du point P de la surface proposée qui répond au point P' du plan horizontal.

Si l'on conçoit un plan vertical qui passe par le point Fig. 51.
P' et par le sommet M, ce plan coupera la surface conique suivant une ligne droite sur laquelle se trouvera le
point cherché; il n'est donc plus question que de construire ce plan et la ligne qu'il contient. En joignant le
point P' avec le point M', projection du sommet du
cône, on aura la ligne M'H' qui sera la commune section du plan dont on vient de parler, avec le plan horizontal, ou la projection de la ligne droite menée sur le
cône par le point cherché. Il est clair que H' sera
le point où cette dernière rencontrera la courbe; on
aura donc pour la déterminer deux points H' et M, qui
étant rapportés sur le plan vertical en $H$ et M'', donneront sa projection $H$M'' : rapportant aussi P' sur le
même plan, en P'', la hauteur cherchée sera $P$P''.

Si la courbe X'H' était un cercle, on aurait le cône
désigné dans les élémens sous le nom de cône oblique;
et si le point M' était le centre de ce cercle, la surface
engendrée serait alors celle du cône droit. Dans tout
autre cas, c'est une surface analogue, et que nous désignerons toujours sous le nom de cône, parce que nous
attacherons à ce mot l'idée d'une surface composée de
lignes droites qui se rencontrent toutes en un seul point.

Une ligne droite étant indéfinie par sa nature, il s'ensuit qu'on peut concevoir la ligne génératrice prolongée
autant qu'on le voudra au-dessus du point M; la surface
engendrée par cette portion, sera un cône pareil à celui
qui est produit par la partie de la ligne droite, inférieure au point M, et ils ne constitueront à eux deux
qu'une seule et même surface dont ils seront regardés
comme des *nappes*, mot analogue à celui de *branche*
dans les courbes.

C'est un principe général de considérer comme appartenant à une même surface toutes les parties qui

*Compl. de la Géom.* 5ᵉ édit. 5

peuvent être engendrées, soit par le même mouvement, soit par la même courbe, embrassée dans toute l'étendue qu'elle peut avoir.

## DES SURFACES CYLINDRIQUES.

76. Le mouvement de la droite génératrice dans les surfaces que nous venons de considérer, est déterminé par ces deux conditions : 1° de passer constamment par un même point ; 2° de suivre le contour d'une même courbe. Ici nous supposons que la droite génératrice reste toujours parallèle à elle-même, dans les différentes positions qu'elle prend en glissant le long de la courbe donnée Q'Q'. La surface ainsi engendrée sera analogue à celle du cylindre décrit dans les Élémens, et serait le cylindre même si la courbe Q'Q' était un cercle.

Fig. 52.

Voici sur quel principe est fondée la construction de la surface proposée.

Il est clair que si on la coupe par des plans verticaux et parallèles à la ligne génératrice, les sections ne pourront être que des lignes droites parallèles à celle-là.

Pour trouver l'ordonnée verticale qui répond à un point quelconque du plan horizontal, il n'y a qu'à mener, par ce point, un plan vertical, parallèle à la ligne génératrice, et construire sa commune section avec la surface proposée ; ce qui est facile, puisque la rencontre du plan vertical avec la courbe donnée fera connaître un point de la ligne qu'on cherche, qui d'ailleurs doit être parallèle à la ligne génératrice.

Les surfaces cylindriques coupées par des plans parallèles entre eux, donnent toujours la même courbe.

Ces surfaces sont aux prismes ce que les courbes sont aux polygones inscrits ou circonscrits.

Voici les détails du procédé qu'on peut employer pour construire les surfaces cylindriques. Soit N' le

point donné sur le plan horizontal ; on mènera par ce Fig. 52.
point et parallèlement à H′P′, projection horizontale
de l'une des positions quelconques de la droite génératrice du cylindre, la droite N′Q′ ; cette ligne rencontrera la courbe proposée dans un point Q′ qu'on rapportera sur le plan vertical en Q ; alors menant QN″
parallèle à P″H″, projection verticale de la droite génératrice qu'on a choisie pour terme de comparaison, on
rapportera le point N′ en N sur le plan vertical, et NN″
parallèle à AD, sera la hauteur demandée (*).

Si la ligne génératrice était perpendiculaire au plan
de la base, et que la courbe donnée fût un cercle, le cylindre serait celui qu'on désigne dans les Élémens sous
le nom de cylindre droit.

En général, quelle que soit la courbe Q′Q′, elle renferme toutes les projections horizontales des points placés sur la surface du cylindre proposé, lorsque la ligne
génératrice est perpendiculaire au plan horizontal sur
lequel se trouve cette courbe.

## DES COURBES A DOUBLE COURBURE.

77. Si l'on conçoit une suite de points pris sur la surface du cylindre d'après une loi donnée, l'ensemble de
ces points formera une courbe, qui le plus souvent ne
saurait être comprise tout entière dans un même
plan ; la projection horizontale de cette courbe sera
la base du cylindre sur le plan horizontal. Imaginons
ensuite que par chacun des points dont on vient de parler, on abaisse des perpendiculaires sur le plan vertical ; l'ensemble de ces perpendiculaires formera une

---

(*) Il n'est pas nécessaire que la ligne dont les projections sont
H′P′ et H″P″, soit une des positions de la droite génératrice du cylindre ; il suffit qu'elle lui soit parallèle.

5..

seconde surface cylindrique qui rencontrera la première, suivant la courbe déterminée par la suite des points proposés ; et les intersections des perpendiculaires avec le plan vertical formeront une courbe qui sera sur ce plan la base du deuxième cylindre, et par conséquent la projection de toutes les courbes qu'on pourrait tracer sur ce cylindre. Il suit donc de là qu'elle appartiendra aussi à la courbe suivant laquelle se coupent les deux cylindres qu'on a considérés.

Cette courbe sera déterminée par ses deux projections ; car elle est donnée par l'intersection de deux surfaces cylindriques perpendiculaires à chacun des plans coordonnés, comme une ligne droite est donnée par l'intersection de ses deux plans projetans. Les cylindres remplacent ici ces plans ; mais deux plans quelconques déterminent, par leur rencontre, une ligne droite, et l'intersection de deux surfaces courbes déterminera une ligne courbe dont tous les points pourront ne pas être dans un même plan. De là résulte la division des courbes, en *courbes planes* et en *courbes à double courbure ;* les premières ont tous leurs points situés dans un seul plan : il n'en est pas de même des dernières, qui n'ont jamais qu'un nombre déterminé de points dans le même plan.

Pour donner un exemple bien simple de ce genre de courbes, soit un cylindre droit à base circulaire, sur la surface duquel on ait posé la pointe d'un compas, et pendant que celle-ci reste fixe, qu'on fasse mouvoir l'autre de manière à reposer toujours sur la surface du cylindre ; cette dernière engendrera évidemment une courbe à double courbure, qui aura tous ses points également éloignés de celui sur lequel tombe la pointe fixe du compas. Cette courbe fera donc partie d'une sphère qui aurait pour rayon l'ouverture de compas donnée; elle sera par conséquent l'intersection du cylindre proposé avec cette sphère.

Cet exemple suffit pour faire voir comment les courbes naissent de l'intersection des surfaces; c'est pourquoi nous renverrons les problèmes qui regardent les courbes, aux articles où nous traiterons de l'intersection des surfaces.

Il résulte de ce qui précède, une extension des deux genres de surfaces que nous venons de considérer, savoir, les surfaces coniques et cylindriques; car on peut, au lieu des courbes planes que nous avons choisies pour diriger le mouvement de la ligne génératrice dans l'un et l'autre cas, prendre des courbes à double courbure.

Cette circonstance n'ajoute aucune difficulté à la construction des surfaces coniques et cylindriques; car la courbe directrice étant donnée alors par ses deux projections, quand on a trouvé le point où le plan vertical mené par le sommet du cône, ou parallèlement à la génératrice du cylindre, rencontre la projection horizontale de cette courbe, on rapporte ce point sur sa projection verticale, et l'on trouve un point de la projection verticale de la droite qui appartient au cylindre ou au cône proposé : alors il ne reste plus qu'à mener cette droite, suivant les conditions données dans les articles précédens (*).

---

(*) On a donné le nom de *courbes à double courbure* à celles dont tous les points ne sont pas dans un même plan, parce qu'étant le résultat de l'intersection de deux surfaces courbes, elles partagent la courbure de l'une et de l'autre. On rend cela sensible en supposant une courbe tracée sur un plan, et que ce plan vienne à se gauchir, ou qu'il soit roulé d'une manière quelconque; alors la courbe proposée prend une nouvelle courbure, qui résulte de celle que les circonstances, ou la volonté, ont donnée au plan.

## DES SURFACES DE RÉVOLUTION.

78. La sphère dont nous nous sommes déjà beaucoup occupés, est engendrée par le mouvement d'un demi-cercle tournant autour de son diamètre; il est évident qu'on pourra substituer au demi-cercle une courbe quelconque, tournant autour d'une ligne prise dans son plan. Les surfaces qui naîtront de là, et que nous ferons connaître sous le nom de *surfaces de révolution*, ont toutes une propriété commune, celle de donner des cercles quand on les coupe par des plans perpendiculaires à l'axe de rotation.

Si l'on remarque en outre que tout plan mené par leur axe, coupe ces surfaces suivant leur courbe génératrice, on aura celles de leurs propriétés caractéristiques qui sont nécessaires à leur construction, laquelle peut s'effectuer ainsi qu'on va le voir.

Nous supposerons d'abord que l'axe de rotation soit perpendiculaire au plan vertical; il est clair que si l'on imagine un plan parallèle à celui-ci, il coupera la surface proposée suivant un cercle qui aura pour rayon l'ordonnée de la courbe génératrice.

Pour exécuter cette construction, il n'y a qu'à imaginer le corps coupé par un plan horizontal, et passant par l'axe de rotation; la section qu'on obtiendra sera la courbe génératrice, qui, se trouvant dans un plan parallèle au plan horizontal, ne changera pas de nature étant projetée sur ce dernier.

Fig. 53.  Soit donc K'N' cette courbe; par le point proposé P' on lui mène l'ordonnée M'N'; c'est le rayon du cercle qui doit contenir le point cherché. Puisque ce cercle est dans le plan vertical N'M'M, passant par le point P', il aura pour projection sur le plan vertical DAB, un cercle de même rayon, et dont le centre sera en M",

point de rencontre de l'axe de rotation avec ce plan. Fig. 53.
Rapportant maintenant le point P′ en $P$, et élevant $PP''$,
on aura le plan vertical P′$PP''$, qui coupera le cercle
proposé en deux points P, dont les projections verticales seront P″.

79. Les surfaces que nous venons de considérer sont
déterminées par une seule courbe; il y en a d'autres
pour lesquelles il en faut employer deux ou un plus
grand nombre; mais avant de donner quelques exemples
de la génération de ces dernières, nous traiterons des
intersections des premières entre elles.

## DES INTERSECTIONS DES SURFACES COURBES.

80. La méthode la plus naturelle et la plus générale
pour cnstruire les intersections des surfaces courbes,
consiste à les imaginer coupées par des plans menés
suivant certaines conditions. Lorsqu'on a déterminé les
sections faites par un même plan dans chacune des deux
surfaces courbes proposées, les points qui sont communs à ces deux courbes font nécessairement partie de
l'intersection cherchée, puisqu'ils sont à la fois sur
l'une des surfaces courbes et sur l'autre.

Les plans coupans peuvent être menés parallèlement
à l'un des plans coordonnés. Supposons que ce soit au
plan vertical; il sera facile de construire les courbes
suivant lesquelles ils rencontrent les surfaces proposées;
car tous les points de ces courbes auront leurs projections horizontales dans la droite qui est la commune
section du plan coupant qui les renferme et du plan
horizontal; et comme ils sont placés sur des surfaces
courbes dont la construction est connue, on pourra
trouver la hauteur de chacun d'eux au-dessus de sa projection. Le plan coupant étant parallèle au plan vertical, on pourra rapporter sur le second tout ce que le

premier contient, sans que les lignes qui s'y trouvent changent de grandeur ou de positions respectives ; et par conséquent on aura immédiatement dans la rencontre des sections tracées sur le plan vertical, la projection d'un point de l'intersection des surfaces proposées.

En répétant les opérations indiquées, on trouvera autant de points qu'on voudra de cette intersection.

La méthode que nous venons d'exposer peut s'étendre à toutes les surfaces courbes en général ; mais on voit qu'elle exigera presque toujours que l'on construise deux courbes pour trouver chaque point des intersections de ces surfaces, et il arrive dans beaucoup de cas qu'en choisissant les plans coupans d'une manière convenable, les sections à construire ne sont que des lignes droites ou des cercles, et par conséquent n'exigent qu'une opération pour trouver tous leurs points. C'est en se rapprochant le plus qu'il est possible de la génération des surfaces dont on cherche la rencontre, qu'on parvient à des constructions simples et faciles ; et l'on en obtiendra de telles, en renonçant quelquefois au système des plans coupans, pour employer des surfaces courbes dont les sections avec chacune des proposées soient aisées à déterminer.

Des exemples particuliers rendront très claires ces notions générales, qui peuvent d'abord paraître compliquées, et montreront comment il faut se conduire dans les cas dont on ne parlera point ici.

### PROBLÈME.

81. *Construire l'intersection d'un cylindre et d'une sphère.*

On prendra pour plan des projections horizontales, un plan parallèle à la ligne génératrice du cylindre, et pour plan vertical celui qui est perpendiculaire à cette ligne.

Si l'on imagine ensuite que les plans coupans soient parallèles au plan horizontal, ils rencontreront le cylindre dans des lignes droites parallèles à son axe, et la sphère suivant des cercles dont le centre sera projeté au même point du plan horizontal que son centre; les rayons de ces cercles seront faciles à trouver par ce qui a été dit au n° 63.

Cette construction peut s'exécuter facilement à l'aide des notions qui ont précédé cet article, aussi trouvera-t-on ici peu de détails; et cela, parce qu'il me semble que lorsqu'on a suffisamment indiqué comment il faut mener les plans ou lignes qui résolvent une question, l'ordre, autant que la briéveté, veut qu'on se dispense d'expliquer de nouveau les procédés qui font partie des questions déjà résolues.

Dans les cas dont il s'agit ici, on a mené des droites $g''i''$, parallèlement à AB, dans le plan vertical; elles sont Fig. 54. les communes sections de ce plan avec les plans coupans qu'on suppose horizontaux; $g''i''$ est évidemment le rayon du cercle suivant lequel un de ces plans rencontre la sphère dont le centre est projeté en $E''$ sur le plan vertical, et en $E'$ sur le plan horizontal.

Les points $P''_1$ et $P''_3$, où la ligne $g''i''$ rencontre la base du cylindre, sont les projections verticales de deux droites qui se trouvent sur sa surface, et qui sont coupées chacune en deux points par le cercle de la sphère, compris dans le plan horizontal mené par $g''i''$.

Par conséquent, du point $E'$ comme centre et d'un rayon égal à $g''i''$, on décrit un cercle; les points $p'_1$, $p'_3$, $P'_1$, $P'_3$, où il rencontre les projections des droites dont on vient de parler, appartiennent à l'intersection cherchée de la sphère et du cylindre.

Par le même procédé, on déterminera autant de points qu'on voudra de cette intersection; mais ceux

Fig. 54. qu'il faut s'attacher spécialement à trouver les premiers,
sont ses limites. Ainsi, dans l'exemple qui nous occupe,
le cylindre pénètre entièrement la sphère, et par conséquent il la rencontre deux fois, savoir, à son entrée
et à sa sortie : chaque opération donne à la fois des
points de l'une et de l'autre de ses sections, qu'il ne
faut pas confondre ensemble, et c'est à quoi on parviendra en se représentant la situation respective de ces
deux corps. On verra alors que la plus grande largeur
des sections doit se trouver dans le plan coupant mené
par l'axe du cylindre ; que les points placés au-dessous
de ce plan sont ceux où les sections s'approchent le
plus l'une de l'autre, et qu'au contraire les points qui
sont au-dessus, appartiennent aux branches des sections
les plus éloignées.

A l'aide de ces considérations, on sentira aisément
que $P'_1$ $P'_3$ $P'_4$ $P'_2$ est la projection sur le plan horizontal, de l'entrée du cylindre dans la sphère, et $p'_1$ $p'_3$ $p'_4$
$p'_2$, celle de la sortie : quant à la projection verticale,
elle est commune à toutes deux ; c'est le cercle qui sert
de base au cylindre, sur le plan vertical.

Fig. 55.     La figure suivante représente avec les mêmes lettres
le cas où le cylindre n'entrerait pas de tout son diamètre
dans la sphère. Il est évident que les points $L'_1$ et $L''_2$
donnent alors les limites, et que la section est unique (*).

## PROBLÈME.

82. *Trouver les projections de la courbe qui est l'intersection d'une sphère et d'un cône.*

On fera passer les plans coupans par le sommet du
cône, et on les supposera perpendiculaires au plan horizontal ; par ce moyen les sections faites dans ce cône

---

(*) Dans l'un et l'autre exemple les sections ne sont, analytiquement parlant, qu'une même courbe, donnée par une seule équation.

seront des lignes droites faciles à déterminer, et celles de la sphère seront des cercles dont on trouvera le centre et le rayon par le procédé du n° 63.

En voilà assez pour mettre ceux qui sont familiarisés avec les constructions que nous avons données, à portée de résoudre le problème proposé; nous ferons seulement remarquer un procédé analogue à celui du n° 70, par lequel on abrège un peu l'opération.

Soit menée, dans le plan horizontal, la droite S'K' Fig. 56. qui représente la commune section de ce plan et de l'un des plans verticaux passant par le sommet du cône, point dont les projections sont en S' et S"; au lieu de rabattre le dernier plan, en le faisant tourner autour de S'K', qu'on le transporte sur DAB, en couchant la ligne S'K' sur AB, de manière que le point S' tombe en $S$; alors en prenant $Sk = S'K'$, on pourra mener les droites S"k, qui seront les sections du cône, par le plan coupant (75). Faisant ensuite $mg = S'G'$, le point g sera la position du centre du cercle dans lequel la sphère rencontre le plan coupant; car il répond au-dessus de G', à une hauteur égale à celle du centre de cette sphère qu'on voit projeté en E' et E" : enfin le rayon de ce cercle est gh, égal à G'H' (63).

Les points p, où le cercle dont on vient de parler coupe les droites S"k, appartiennent à l'intersection du cône et de la sphère proposée. Ils sont au nombre de quatre, deux se trouvent sur la courbe formée par l'entrée du cône dans la sphère, et deux sur celle qui résulte de sa sortie. On appliquera ici les observations que nous avons faites pour le cas du cylindre.

Les points p sont placés dans le plan coupant ; pour avoir leurs projections, il faut prendre S'P' égal à p i, et le point P' sera la projection sur le plan horizontal : élevant ensuite P'P", perpendiculaire à AB, la projec-

Fig. 56. tion verticale P″ se trouvera à la rencontre de cette droite et de p i ; car le point p étant pris dans un plan vertical, est à la même hauteur que sa projection sur tout autre plan vertical.

Afin de ne pas compliquer la figure, l'opération n'a été exécutée que sur un seul des points p ; mais elle aurait lieu de la même manière sur les trois autres.

Quoique la base du cône représenté dans la figure, soit un cercle, comme on n'a employé aucune des propriétés qui la caractérisent, on voit que la construction précédente s'étendrait à tout autre cas.

### PROBLÈME.

83. *Construire l'intersection de deux cônes.*

Nous supposerons, pour plus de simplicité, que les cônes proposés aient leurs bases sur un même plan, c'est-à-dire, qu'on connaisse la courbe suivant laquelle chacun d'eux coupe l'un des plans coordonnés, l'horizontal, par exemple : on verra bientôt que la question peut toujours être ramenée à cet état.

Cela posé, j'imagine un plan passant par la ligne qui joint les sommets des cônes proposés, et tournant autour de cette ligne ; ce plan, dans chacune des positions où il rencontrera les cônes, les coupera suivant des lignes droites, qui seront en général au nombre de quatre, savoir, deux pour l'un, et deux pour l'autre ; et comme elles sont toutes dans un même plan, celles qui appartiennent au premier cône rencontreront leurs correspondantes sur le second, dans des points qui feront partie de l'intersection de ces surfaces.

Fig. 57. Soient S′ et S″, s′ et s″, les projections des sommets des cônes, F′F′ et f′f′, les courbes qui leur servent de base sur le plan horizontal, E′ le point où la ligne qui passe par les sommets des cônes proposés rencontre le plan horizontal; il est évident que le plan coupant, dans Fig. 57. toutes ses positions, doit toujours passer par ce point.

Je mène ensuite la droite E′F′ à volonté, mais de manière cependant qu'elle rencontre les deux bases des cônes, et je regarde cette ligne comme la commune section du plan coupant et du plan horizontal.

Je construis (75) les projections des lignes tirées des points F′ au sommet du premier cône, et des points f′ au sommet du second; ces lignes sont respectivement les projections des génératrices des deux cônes proposés, situées dans le plan mené par la droite qui joint les sommets des cônes et par la droite F′F′; et leurs rencontres, marquées sur chacun des plans coordonnés par les chiffres 1, 2, 3, 4, seront des points de l'intersection demandée.

En jetant les yeux sur la deuxième figure, on concevra facilement que l'un des cônes proposés *pénètre* l'autre, et que des quatre points qu'on trouve par la construction précédente, deux appartiennent à l'en- -trée, et les deux autres à la sortie du cône *pénétrant*.

**84.** *Corollaire premier.* S'il s'agissait de trouver l'intersection d'un cône et d'un cylindre, il faudrait imaginer par le sommet du cône, une droite menée parallèlement à la génératrice du cylindre; alors tous les plans passant par cette ligne, couperaient le cylindre et le cône proposés, suivant des droites, et la construction serait la même que dans le cas précédent.

**85.** *Corollaire II.* Enfin si l'on demandait l'intersection de deux cylindres, il faudrait les imaginer coupés par des plans parallèles à leurs génératrices, et dans le cas où ces cylindres auraient leurs bases sur le même plan, la construction deviendrait analogue à celle qui a été indiquée ci-dessus, pour les cônes.

En effet, on déterminerait (21 et 36) la ligne suivant laquelle un plan parallèle aux génératrices, rencontrerait le plan horizontal (*); et on mènerait ensuite tant de lignes qu'on voudrait parallèlement à celle-ci. Les points où elles couperaient les bases des cylindres proposés, seraient placés sur des génératrices prises dans le même plan, et dont on construirait les projections (76); leurs rencontres mutuelles détermineraient des points de la section demandée.

86. *Remarque.* Nous ne saurions entrer ici dans le détail des procédés qu'on pourrait adopter pour les différens cas particuliers. Cet objet n'a d'ailleurs aucune difficulté; et quand on s'est habitué au genre de considérations qu'il comporte, on trouve soi-même les simplifications dont les méthodes générales peuvent être susceptibles.

Nous avons supposé que les bases des cônes ou des cylindres proposés étaient sur un même plan; quoique cela n'arrive pas toujours, on peut l'obtenir facilement, puisqu'il n'est besoin que de prolonger jusqu'à la rencontre du plan horizontal les génératrices, construites comme on l'a vu (76).

On pourrait même se passer de cette opération préparatoire, en menant effectivement les plans coupans suivant les conditions données, et en déterminant leur rencontre avec les courbes qui servent à diriger les mouvemens des droites génératrices; mais ce moyen n'est guère commode, surtout quand les courbes dont il s'agit ne sont pas planes.

---

(*) Pour construire un plan suivant ces conditions, il suffit d'imaginer par un point quelconque deux lignes respectivement parallèles à chacune des génératrices; elles détermineront (36) le plan demandé.

Voici un cas particulier qui peut être utile : celui de deux cylindres droits.

Nous prendrons pour plan horizontal un plan parallèle à la fois aux deux axes de ces cylindres, et deux plans verticaux, respectivement perpendiculaires à chacun de ces axes.

Cela posé, si l'on conçoit ces cylindres coupés par des plans horizontaux, les sections résultantes seront des droites parallèles aux axes; mais E″F″ étant la rencontre Fig. 53. du plan vertical DAB avec un des plans coupans, F″F′ et E″E′ seront les sections de ce plan et du premier cylindre, projetées sur le plan horizontal; on trouvera celles qui leur correspondent dans le second, en menant dans le plan vertical d a b, perpendiculaire à l'axe du second cylindre, f e parallèle à a b, et éloignée de cette ligne d'une quantité égale à la distance de E″F″ à AB. Il est clair que f e sera la rencontre du plan coupant avec celui de la base du second cylindre; et par conséquent e e′ et f f′ seront les lignes cherchées, qui rencontreront leurs correspondantes E″E′, F″F′, dans le premier, aux points 1, 2, 3, 4, appartenant à la projection horizontale de la commune section demandée. Quant à la projection verticale, elle se trouve sur le cercle qui sert de base au premier cylindre.

Si l'on demandait la courbe qui serait l'intersection d'un plan quelconque et d'une surface cylindrique ou conique, on pourrait appliquer les méthodes précédentes à ce cas particulier; car un plan appartient également à la famille des surfaces coniques ou à celle des surfaces cylindriques, puisqu'il peut être engendré par une droite assujettie à glisser le long d'une autre, et à passer constamment par un même point pris hors de cette droite, ou à se mouvoir parallèlement à elle-même. Nous ne nous arrêterons donc point sur ce sujet, qui d'ailleurs est susceptible de simplifications particulières très aisées à découvrir, en choisissant convenablement les plans coordonnés.

Nous observerons en général, que l'intersection d'une surface courbe et d'un plan quelconque peut toujours se construire facilement, puisque, quel que soit le système des plans coupans, leurs rencontres avec le plan proposé seront toujours des lignes droites faciles à déterminer.

## PROBLÈME.

87. *Construire l'intersection de deux surfaces de révolution, dont les axes sont dans un même plan.*

Ce cas particulier, mais cependant assez étendu, mérite d'être traité avec quelque détail, parce qu'il offre l'exemple d'un procédé qu'on peut employer souvent avec avantage.

Pour construire les intersections des surfaces, nous avons employé jusqu'ici des plans coupans : ce choix est en effet le plus simple qu'on puisse faire; mais il est aisé de s'apercevoir que l'esprit de la méthode consiste à couper les deux surfaces proposées par une troisième, parce que les sections qui en résulteront, se trouvant placées sur cette dernière, se rencontreront nécessairement, si les premières ont un point de leur commune section situé dans cette surface; et il y a des circonstances où les sections formées par une surface courbe, sont plus simples que celles qui résultent d'un plan. Dans le cas actuel, il convient d'employer, au lieu de plans coupans, une suite de sphères ayant toutes leur centre placé à l'intersection des axes des deux surfaces de révolution proposées.

Pour s'en assurer, il faut d'abord observer que deux surfaces de révolution ayant un axe commun, se rencontrent toujours dans un cercle dont le plan est per-

pendiculaire à cet axe, et qui a pour rayon la distance
du même axe au point où se coupent les courbes génératrices situées dans un même plan. Cela posé, on voit
qu'une sphère dont le centre est au point de rencontre
des deux axes des surfaces proposées, pouvant être alter-
nativement considérée comme décrite par la révolution
d'un de ses grands cercles autour du premier axe et autour du second, doit couper, suivant des cercles, les deux
surfaces proposées : voici l'application de ces remarques.

SE et SF étant les axes, EX et FY les courbes gé- Fig. 59.
nératrices, du point S comme centre et d'un rayon pris
à volonté, on décrit un cercle MN qui appartient à
une sphère dont le centre est en S, et qu'on peut regarder comme engendrée par la révolution de ce cercle
autour de l'axe SE ; le point N, dans ce mouvement,
produit un cercle qui est la commune section de la
sphère et de la surface qui a pour génératrice EX. Le
plan de ce cercle est perpendiculaire à celui de la figure
et passe par NH. En raisonnant de même, on verra que
la surface décrite par FY autour de SF, est coupée
par la sphère dont on vient de parler, suivant un cercle
qui a pour rayon GM, et dont le plan est perpendiculaire au plan de la figure ; le point P sera donc la projection horizontale d'un point de l'intersection des deux
surfaces de révolution proposées.

Le procédé étant répété fera connaître autant de
points qu'on voudra de cette projection : quant à la projection verticale, on la construira par les hauteurs,
comme dans le problème du n° 42, avec lequel celui-
ci a le plus grand rapport. On peut en effet arriver
à la solution, par le moyen de deux cônes ayant
même sommet, et se coupant dans toute leur étendue suivant deux lignes droites, qui rencontrent aussi les surfaces de révolution ; et par là on appliquera tout de

qui est dit dans le nº cité et dans le suivant, à la question dont il s'agit ici.

88. *Remarque.* Pour donner quelques applications des problèmes précédens, nous allons énoncer plusieurs questions qu'on peut résoudre par leur moyen, et sur lesquelles il sera bon de s'exercer.

1º. Supposons que, connaissant les distances d'un point à trois droites données de position, on demande les projections de ce point; il est évident, qu'en prenant chacune des lignes données, pour l'axe d'un cylindre droit, dont le rayon serait la distance de cette ligne au point cherché, chacun des cylindres ainsi formés doit contenir ce point : il ne peut donc être qu'à leur intersection.

Mais pour trouver la rencontre de trois cylindres, il faut d'abord chercher les projections de la courbe suivant laquelle se coupent deux quelconques d'entre eux, puis déterminer ensuite les rencontres de cette courbe et du troisième, ou, ce qui revient au même, construire les projections de l'intersection de ce dernier avec un de ceux déjà employés; on aura ainsi deux courbes qui détermineront, par les points où elles se rencontreront, ceux qui sont communs à la fois aux trois cylindres proposés.

Ces deux courbes étant données par leurs projections, les points où celles-ci se rencontreront seront les projections des points demandés.

Il est nécessaire d'appliquer au cas présent ce qui a été dit pour les lignes droites (19).

Toutes les constructions qu'on vient d'indiquer peuvent être exécutées facilement par ceux qui auront compris ce qui précède; ils ne sauraient être arrêtés que par la longueur de l'opération, capable de rebuter peut-être les personnes qui ont peu d'habitude de la règle et du compas. Au reste, nous dirons ici, pour ceux qui connaissent l'analyse, que la question proposée est en général du huitième degré et à trois inconnues ; il n'est donc pas étonnant que le procédé soit compliqué.

Il se présente un cas assez simple, que nous invitons nos lecteurs à construire d'abord ; c'est celui où les trois droites données sont parallèles à un même plan, qu'on choisira alors pour plan horizontal, et la construction sera celle qu'on a donnée plus haut (85).

2°. Supposons qu'un objet D placé en l'air, un ballon, Fig. 60. par exemple, soit vu à la fois de trois points donnés E, G, F', et qu'on observe dans chacun, l'angle que fait le rayon visuel mené au point D, avec la verticale ; on pourra trouver la hauteur de ce point, et sa projection sur le plan horizontal, de la manière suivante.

On choisira pour plan horizontal le plan P'Q', qui passe par un des points donnés F' ; et puisque la situation des points G et E est connue, on aura leurs projections G' et E' sur ce plan.

Cela posé, concevons que l'un des rayons visuels DE, par exemple, tourne autour de la verticale E'M qui lui correspond, en faisant constamment avec elle le même angle ; il engendrera un cône droit, sur la surface duquel se trouvera nécessairement le point D. En appliquant ce raisonnement aux deux autres points F' et G, on aura trois cônes qui contiendront le point cherché : il sera donc placé à leur intersection.

Ici, comme dans l'exemple précédent, on cherchera les projections des intersections de l'un des cônes avec chacun des deux autres ; et nous avons donné des méthodes applicables à cette détermination. Mais les cônes proposés ayant leurs axes perpendiculaires à un même plan, et étant droits, il sera commode de prendre les plans coupans parallèles à celui-ci ; il en résultera

6..

pour les sections de chaque cône, des cercles dont le rayon sera la perpendiculaire menée par le point de l'axe où passe le plan coupant, et terminée à la rencontre du côté ; et les cercles ainsi trouvés seront égaux à leur projection sur le plan horizontal. Ces détails suffisent pour achever la construction.

Il est aisé de voir que ce dernier procédé convient également à des surfaces de révolution, dont les axes sont perpendiculaires à un même plan.

3°. Supposons, pour la dernière question, qu'un observateur placé dans un ballon veuille déterminer sa situation, en mesurant les angles que font entre eux les rayons visuels menés à trois points dont la position respective est donnée.

Dans ce cas, on connaît les angles EDF′, GDF′ et GDE, ainsi que la position respective des trois points G, F′ et E ; nous supposerons qu'on ait pris pour plan horizontal celui qui est déterminé par les trois points proposés : on a donc alors la base et les angles des arêtes d'une pyramide, et on demande la projection de son sommet sur la base, ainsi que sa hauteur.

Fig. 61.     Soit GEF le triangle de la base ; imaginons qu'on ait décrit sur EF, un segment de cercle EKF, capable de l'angle donné EDF′; ce segment, en tournant autour de EF, engendrera un corps qui contiendra sur sa surface tous les points de l'espace, tels, que menant de chacun d'eux des lignes aux points E et F, elles feront un angle égal à l'angle donné : le point D sera donc sur cette surface. Ce raisonnement étant appliqué à chacun des côtés GF et GE, fera connaître deux autres surfaces de révolution, engendrées de la même manière, et contenant aussi le point cherché ; ces surfaces auront leurs axes dans le même plan, et on en déterminera les intersections par le procédé du n° 87.

Les points de rencontre des projections horizontales de Fig. 61.
ces intersections détermineront le point H ; qui sera
la projection du sommet de la pyramide , sur le plan
de sa base ; et la hauteur sera donnée par la même
opération.

*Remarque.* Ce problème mis en analyse offre des résultats curieux ; et les formules données par Lagrange
dans les Mémoires de l'Académie de Berlin, année 1775,
conduisent à l'équation d'une manière très simple. Les
considérations géométriques qui ont servi à le résoudre,
étant traduites en langage algébrique , mènent à leur
tour aux expressions trouvées par cet illustre Géomètre.

Ce problème est en général du huitième degré : on
peut cependant dans sa construction , réduire le nombre
des solutions à quatre ; car les corps qu'on emploie ,
considérés dans toute leur étendue , sont produits par
la révolution d'un cercle entier autour de sa corde ;
mais la partie engendrée par un des segmens appartient
aux points dont les rayons visuels font des angles qui
sont les supplémens de ceux que donne la partie engendrée par l'autre segment.

Ainsi, dans la construction on n'emploiera que le segment EKF ; car l'autre segment EkF appartient à un
angle qui est le supplément de F'DE (*fig.* 60) (*).

SUITE DE LA GÉNÉRATION DES SURFACES COURBES.

89. Nous avons parlé, dans les articles précédens, de
la génération et des intersections des surfaces dont la
construction dépend d'une seule courbe ; nous allons

---

(*) C'est par la solution de ce problème, que je dois à un élève
de l'Ecole de Mézières, où Monge professait, que j'ai eu connaissance de la méthode donnée au n° 87.

Le même problème a été résolu algébriquement par Estève, dans
les Mémoires des Savans étrangers, tome II, page 408.

maintenant passer à celles qui exigent le concours de plusieurs : nous commencerons par les surfaces composées de lignes droites.

Pour déterminer le mouvement d'une droite, il faut trois conditions ; car dire que la ligne droite génératrice est assujettie à passer constamment par un point donné, dans le cas du cône, ou à être parallèle à une même ligne, dans la génération du cylindre, cela équivaut à deux conditions. En effet, un point est donné par ses deux projections ; il en est de même d'une ligne ; la coexistence de ces données offre donc évidemment deux conditions : la courbe suivant laquelle se meut la ligne génératrice est la troisième.

Pour donner quelques exemples d'une surface engendrée par le mouvement d'une ligne droite assujettie à passer par deux lignes données, supposons d'abord que la première de celles-ci soit une droite verticale, et la deuxième une courbe quelconque, donnée par ses projections. Le mouvement de la ligne génératrice ne sera pas encore entièrement déterminé ; car soient XM et EE′, la courbe et la ligne donnée ; tandis que la ligne génératrice EM est fixée par un de ses points sur la courbe XM, elle peut tourner autour de ce point, et parcourir ainsi tous ceux de la ligne EE′. Il faut donc ajouter une nouvelle condition ; et parmi toutes celles qu'on peut choisir, nous supposerons que la ligne EM reste constamment horizontale, c'est-à-dire, que le point M et le point E soient toujours à la même hauteur.

La construction de cette surface est on ne peut pas plus facile ; car il n'y a qu'à faire passer par la ligne donnée EE′, et par le point P′, choisi arbitrairement sur le plan horizontal BAC, un plan vertical, l'ordonnée MM′ de son intersection avec la courbe XM, sera la hauteur du point P au-dessus de sa projection horizontale.

90. Nous donnerons encore un autre exemple de surfaces analogues : nous concevrons que deux courbes XM, xm, soient perpétuellement coupées par un plan DF′ assujetti à passer constamment par une ligne verticale AD. Si l'on joint par une droite indéfinie Mm, les deux points où ce plan, dans chacune de ses positions, rencontre les courbes proposées, XM et xm, l'ensemble des droites, ainsi déterminées, formera une surface courbe facile à construire par ce qui précède.

Fig. 63.

Nous ne nous arrêterons pas à détailler l'opération ; nous remarquerons que le cas le plus simple est celui où les deux lignes courbes XM et xm sont remplacées par deux lignes droites ; et alors la surface proposée est celle qui est engendrée par le mouvement d'une ligne droite assujettie à glisser le long de trois autres. On voit par là combien cette surface est aisée à construire, en choisissant les plans coordonnés, de manière qu'il y en ait un qui soit perpendiculaire à l'une des droites données.

En général, le mouvement d'une ligne droite sera déterminé toutes les fois que cette ligne sera assujettie à glisser le long de trois courbes données. Les surfaces dont nous venons de parler ne sont que des cas particuliers de celles qui naîtraient de ce mouvement ; toutes sont comprises sous le nom de *surfaces gauches* : le *coin conoïde* de Wallis est une de ces surfaces (*).

_______________

(*) Voici sa génération. BDE′ étant un quart de cercle situé dans un plan vertical et parallèle à la ligne AC, si l'on conçoit qu'un second plan vertical perpendiculaire à cette ligne se meuve parallèlement à lui-même, et qu'on joigne par des droites G′F, les points où il rencontre la ligne AC et l'arc DE′, dans chacune de ses positions, l'ensemble de ces droites sera la surface dont il s'agit.

Fig. 64.

On voit que le corps terminé par cette surface et par les plans DAB, BAC, donne des triangles rectangles tels que FG′F′, lorsqu'on le coupe par des plans perpendiculaires à AC. Il n'est d'ailleurs que

91. Les deux dernières familles de surfaces que nous venons de considérer, quoique composées de lignes droites, diffèrent essentiellement du cône et du cylindre. En effet, ceux-ci peuvent se développer, c'est-à-dire, s'étendre sur un plan, sans déchirement ni duplicature ; car on peut concevoir le cône comme composé de plans infiniment longs et infiniment étroits ; et si l'on imagine que chacun de ces plans tourne autour de sa commune section avec le plan consécutif, comme autour d'une charnière, il pourra être rabattu sur celui-ci. On peut se rendre cette vérité sensible en substituant par la pensée au cône, une pyramide d'un très grand nombre de faces, et l'on verra aisément qu'à quelque point que se multiplient ces faces, la proposition ne cessera pas d'avoir lieu ; elle conviendra donc au cône qui enveloppe toutes ces pyramides. Un pareil raisonnement s'appliquerait au cylindre, en substituant les prismes aux pyramides ; mais les surfaces dont nous avons parlé n° 89, ne jouissent pas de cette propriété ; car toutes les lignes droites qui les composent doivent se croiser dans leur direction, en passant

Fig. 62. l'une au-dessus de l'autre dans la ligne $EE'$, sans se rencontrer ; or, d'après ce qui précède, pour qu'une surface soit développable, il faut que les lignes droites qui la forment se rencontrent au moins deux à deux. Il en sera de même du genre de surfaces considéré n° 90, dans tous les cas, excepté ceux où, par la nature et la

Fig. 63. position des courbes $XM$ et $xm$, elle se réduit à un plan ou à un cône.

92. L'idée du développement a été produite par la

---

la huitième partie de celui que renferme la surface qu'on vient de décrire, lorsqu'elle est complète ; car il est évident qu'il faut prendre le cercle entier au lieu du quart $DBE'$, et prolonger les génératrices $FG'$, au-dessous du plan $BAC$, au-delà de $AC$.

considération des corps terminés par des plans. Toutes les surfaces des corps de ce genre peuvent se dévelop- per, mais cependant il existe entre eux à cet égard des différences sur lesquelles il convient d'insister.

Quand on considère une pyramide, abstraction faite de sa base, on voit que le développement peut s'en faire sur le plan de l'une de ses faces ; et que par ce moyen les autres viendront se ranger à la suite de celle-là, sans qu'il y ait entre elles aucun espace vide, aucune solu- tion de continuité. Il en sera de même d'un prisme lors- qu'on fera abstraction de ses bases ; et on doit toujours le faire ; car les bases d'un prisme ou celle d'une pyra- mide, ne sont autre chose que des termes que l'imagi- nation ou le besoin met à des corps indéfinis.

Si maintenant on applique ce raisonnement à un corps d'une autre nature, un icosaèdre ou un dodécaèdre, par exemple, on verra qu'il ne saurait leur convenir, et qu'il y aura des vides entre les diverses parties de leurs développemens.

Mais les prismes et les pyramides ne sont pas les seuls corps dont on puisse développer les surfaces sans solution de continuité ; la notion du développement fait voir qu'il aura lieu toutes les fois que la surface proposée sera formée de plans angulaires indéfinis, joints les uns aux autres par des arêtes aussi indéfinies, quand même ces angles n'auraient pas leur sommet au même point.

Il est aisé de se représenter la figure du corps dont les faces seraient les plans angulaires $MRM_1, M_1R_1M_2,$ Fig. 65. $M_2R_2M_3$, etc., réunis deux à deux par un de leurs côtés, et inclinés d'une manière quelconque les uns à l'égard des autres. Il devient une pyramide lorsque tous les sommets des angles $R$, $R_1$, $R_2$, etc., se confondent, et un prisme s'ils s'éloignent à l'infini ; car alors les arêtes $MR$, $M_1R_1$, $M_2R_2$, etc., sont parallèles.

93. Concevons un plan assujetti à se mouvoir suivant une certaine loi, telle, par exemple, que d'être constamment perpendiculaire à une courbe à double courbure donnée XZ; soient PMN une des positions de ce plan, $P_1 M_1 N_1$ une seconde position consécutive à la première, et qui la rencontre suivant la ligne $M_1 N_1$; soit encore $P_2 M_2 N_2$ une troisième position consécutive aux deux autres, et dont la rencontre avec la dernière soit $M_2 N_2$; enfin soit $P_3 M_3 N_3$ une quatrième position du plan dans laquelle il rencontre la troisième suivant la ligne $M_3 N_3$; on voit que de cette manière on formera un corps à faces planes terminées par des lignes droites, telles que MN, $M_1 N_1$, $M_2 N_2$, $M_3 N_3$, etc., qui sont deux à deux dans un même plan, et qui par conséquent se rencontrent. Il est clair que ce corps peut se développer, en faisant tourner chacune de ses faces autour de sa commune section avec la face qui la précède, jusqu'à ce qu'elle arrive dans le plan de celle-ci.

Telle est la manière la plus générale dont puisse être conçue une surface développable; car quoique nous n'ayions considéré qu'un corps terminé par un nombre fini de plans, on peut imaginer qu'ils soient multipliés autant qu'on le voudra, sans que la propriété que nous venons d'énoncer cesse d'avoir lieu; et il en sera de ce passage comme de celui du contour des polygones à la circonférence du cercle : la multiplication indéfinie des faces des corps que nous considérons, conduira à une surface courbe à laquelle conviendront les résultats que nous venons de trouver.

Le cône et le cylindre s'en déduisent comme cas particuliers, ainsi qu'on va le voir. En effet, il suit de la génération d'une surface développable quelconque, que les droites MN, $M_1 N_1$, $M_2 N_2$, etc., la touchent dans toute leur longueur, et se rencontrent deux à deux

Fig. 65.

aux points R , R, , etc. ; la suite de ces points appartient à une courbe qu'on nomme *arête de rebroussement de la surface proposée* , parce que cette surface ne s'étend point dans l'espace déterminé par la concavité de cette courbe , mais elle forme deux nappes qui passent d'un côté et de l'autre de cette limite. Si tous les points R , R, , R, , etc. , se confondaient en un seul , la surface proposée serait celle d'un cône; elle deviendrait un cylindre, si tous ces points de concours s'éloignaient à l'infini, et que les lignes MN , M, N, , etc. , fussent parallèles entre elles. Dans le dernier cas , la courbe XZ , à laquelle le plan générateur doit être perpendiculaire dans toutes ses positions, est une courbe plane. En effet, le plan générateur dans chacune de ses positions, se trouvant perpendiculaire à un même plan, celui de la courbe donnée , ses intersections successives seront aussi perpendiculaires à ce plan, et par conséquent parallèles entre elles.

La courbe RR,R, etc. pourrait servir à la génération de la surface proposée; car celle-ci résulte de l'ensemble des tangentes de cette courbe , et il n'y a pas de surface développable qu'on ne puisse imaginer produite de cette manière.

Quand la courbe RR,R, etc. est plane, la surface engendrée par toutes ses tangentes n'est autre chose que le plan dans lequel cette courbe est située (*).

94. On obtiendrait des surfaces analogues aux précédentes et variées à l'infini, en substituant aux lignes droites des courbes d'une nature donnée, et on trouverait qu'il

---

(*) C'est Monge, qui a nommé cette courbe *arête de rebroussement de la surface développable*, dans le IX<sup>e</sup> et le X<sup>e</sup> volume des Mémoires des Savans Etrangers, où il a traité ce sujet analytiquement , avec beaucoup d'étendue : nous y renvoyons ceux de nos lecteurs qui voudraient l'approfondir davantage.

faut aussi trois conditions pour déterminer d'une manière complète le mouvement d'une courbe quelle qu'elle
soit ; mais sans entrer dans ces généralités, je me bor-
nerai à indiquer la description des *surfaces annulaires*.

Fig. 66.   Soit XZ une courbe quelconque, GH un cercle mo-
bile dont le centre M soit toujours sur cette courbe, et
dont le plan PQ la coupe perpendiculairement ; ce cercle
engendrera une surface dont la partie ombrée de la
figure peut donner une idée.

Si on remplaçait le cercle GH par une autre courbe,
il faudrait ajouter une nouvelle condition ; car le plan
PQ peut tourner sur le point M, sans cesser d'être perpendiculaire à la courbe XZ. Cette circonstance, qui
ne change rien par rapport au cercle GH, ferait varier
la surface engendrée par une courbe qui ne serait pas
symétrique autour du point M. On pourrait, par exemple, assujettir une ligne fixe dans le plan PQ, à passer
constamment par une ligne droite ou courbe, donnée
dans l'espace.

Au lieu de supposer le plan PQ perpendiculaire à la
courbe XZ, on pourrait le faire mouvoir parallèlement
à lui-même, et, si la courbe GH n'était pas un cercle,
concevoir qu'une droite fixe dans le plan PQ, demeure
constamment parallèle à elle-même.

Le cas le plus simple des surfaces annulaires est celui
où la courbe XZ, située tout entière dans le plan
horizontal, est un cercle, et la courbe GH, un autre

Fig. 67.   cercle placé dans le plan vertical DAH′, ayant son centre
O′ toujours sur la circonférence X′Z′, qu'on suppose décrite du point A comme centre : tel est l'anneau ordinaire.

On voit que cette surface est en même temps du nombre des surfaces de révolution ; car elle est produite par
un cercle G′PH′ tournant autour d'un axe AD, pris en
dehors, mais dans son plan.

Ce serait ici le lieu de traiter des intersections mutuelles de divers genres de surfaces courbes que nous venons de considérer, mais de semblables détails passent les bornes que nous nous sommes prescrites. (*)

Nous terminerons par quelques indications sur la manière de développer les surfaces qui sont susceptibles de cette opération, et sur celle de mener des tangentes aux surfaces courbes en général.

## DU DÉVELOPPEMENT DES SURFACES.

95. Lorsqu'on développe une surface, on a pour but de rapporter sur un seul plan, les courbes qu'on a considérées sur cette surface ; par exemple, on développe un cylindre, pour y tracer plus commodément un filet de vis. On sent aisément que pour exécuter ce développement, il faut rapporter les courbes proposées sur la surface qui les contient, à des données qui ne changent pas de grandeur, dans le passage de la surface au plan, et dont la position respective dans ce dernier cas, soit facile à déterminer.

## PROBLÈME.

96. *Soit un cylindre à développer.*

Si l'on coupe ce cylindre par un plan perpendiculaire à sa droite génératrice, comme elle est toujours parallèle à elle-même dans quelque position qu'elle se trouve, il est évident que le cylindre proposé ne sera formé que de lignes perpendiculaires à ce plan. Cela posé, lorsqu'on imaginera que chacune de ces lignes, $F_1E_1$, Fig. 68. $F_2E_2$, etc., tourne autour de EF pour s'appliquer sur le développement, les arcs $FF_1$, $F_1F_2$, etc., deviendront

---

(*) J'ai donné dans le premier volume de mon *Traité du Calcul différentiel et du Calcul intégral*, la théorie analytique et complète des surfaces courbes.

Fig. 68. des lignes droites, et tomberont tous dans le même prolongement; car ils sont perpendiculaires à l'axe autour duquel se fait le mouvement de rotation : le résultat sera donc une ligne droite, sur laquelle les lignes génératrices du cylindre seront toutes perpendiculaires.

Soit maintenant une courbe $MM_1M_2$ etc. tracée sur le cylindre, suivant une loi quelconque, ou produite par l'intersection de ce corps avec un autre dont la génération soit connue; puisque le cylindre est donné ainsi que la position de tous les points de cette courbe, par rapport aux plans coordonnés, il sera aisé de construire sur ceux-ci les projections de la section perpendiculaire que nous avons indiquée, et en la supposant divisée en autant de parties qu'on voudra, $FF_1, F_1F_2$, etc., on déterminera les distances $MF$, $M_1F_1$, $M_2F_2$, etc. des points de la courbe proposée à ceux de cette section qui se trouvent sur la même droite génératrice. Ces distances ne changeront pas dans le développement; et on les portera perpendiculairement à la droite qui représente alors la section perpendiculaire, sur chacun des points $f$, $f_1$, $f_2$, etc. correspondans aux points $F$, $F_1$, $F_2$, etc. : la courbe $m\,m_1m_2$ etc. sera ce que devient la courbe proposée, lorsqu'on développe le cylindre.

Il faut bien remarquer que, quoique la courbe $MM_1\,M_2$ etc. puisse être fermée, son développement dans beaucoup de cas sera indéfini : cela tient à ce qu'un plan en se roulant en cylindre, peut passer sur lui-même autant de fois qu'on voudra, puisqu'il est indéfini par sa nature. C'est ainsi qu'en construisant le développement de l'ellipse, qui est la section du cylindre droit par un plan oblique à sa base, on trouve pour résultat une courbe indéfinie.

97. *Corollaire.* Si le cylindre proposé était droit, sa

base tiendrait lieu elle-même de la section perpendiculaire à la génératrice ; et en la supposant étendue en
ligne droite, on lui appliquerait tout ce qui a été dit précédemment par rapport à cette section.

Comme on ne peut avoir la circonférence du cercle
que par approximation, il s'ensuit qu'on ne construit
le développement du cylindre droit que d'une manière
approchée ; et cet inconvénient a lieu en général pour
tous les cylindres dont la section perpendiculaire n'est
pas une courbe rectifiable : mais dans les arts on se
contente de partager cette courbe en un nombre de
parties assez grand pour qu'elles puissent être considérées comme sensiblement rectilignes, et alors ce n'est
pas proprement le cylindre proposé qu'on développe,
mais un prisme d'un très grand nombre de faces, inscrit
dans ce cylindre.

98. *Remarque.* Il y a une courbe particulière qu'on Fig. 69.
trace sur un cylindre, qui ne saurait être passée sous
silence, c'est celle qui jouit de la propriété de faire
constamment le même angle avec la droite génératrice,
dans quelque position que celle-ci se trouve.

Il est aisé de voir que cette courbe devient une ligne
droite lorsqu'on développe le cylindre; car alors toutes
les positions de la génératrice se trouvant parallèles
entre elles sur un même plan, elles ne peuvent être ren-
contrées sous un angle constant que par une droite.

Lorsque le cylindre est droit, c'est-à-dire qu'il a sa
base circulaire et sa génératrice perpendiculaire sur
cette base, la courbe dont nous venons de parler est alors
celle que forme la tranche d'un filet de vis.

Si l'on conçoit une ligne droite assujettie aux trois
conditions suivantes : 1° à être toujours parallèle au
plan de la base du cylindre, 2° à passer toujours par
son axe, 3° à suivre le cours de la courbe proposée,

Fig. 69. cette droite engendrera une surface dont le filet de la vis quarrée présente l'image, et qu'on voit tout entière dans le dessous des escaliers tournans.

Cette surface est du genre de celles dont on a donné la définition n° 89 ; et il est facile de la construire , ainsi que de trouver ses intersections avec un plan ou une autre surface dont la génération soit connue.

Si au lieu d'une ligne droite , on faisait mouvoir un cercle , de manière qu'il fût toujours dans un plan passant par l'axe du cylindre droit , et que son centre parcourût la courbe que nous avons considérée dans cet article , la surface qui naîtrait de ce mouvement serait celle qu'on emploie , sous le nom de *vis Saint-Gilles*, dans la construction de l'escalier tournant.

On appelle *hélices*, les courbes formées par l'enveloppement d'une ligne droite sur une surface cylindrique. Ces courbes jouissent de la propriété d'être les plus courtes lignes qu'on puisse mener , sur cette surface , entre deux de leurs points ; et il est facile de s'en convaincre en observant que l'étendue de la surface d'un cylindre ne changeant pas lorsqu'on le développe , les distances respectives des points qui la composent ne souffrent ni extension ni contraction ; mais alors la plus courte distance de deux quelconques de ces points , est la droite menée de l'un à l'autre , et cette droite devient une hélice sur le cylindre.

Ce qu'on vient de dire est non-seulement applicable aux cylindres , mais convient encore aux cônes et aux surfaces développables en général.

Si l'on trace une ligne droite sur leur développement , et qu'on remette ces surfaces dans leur état primitif , la ligne proposée deviendra une courbe qui jouira de propriétés analogues à celles de l'hélice.

Cette courbe ne sera autre chose que celle qu'on

formerait en pliant un fil librement sur une surface développable (*).

## PROBLÈME.

99. *Construire le développement d'une surface conique quelconque.*

L'idée qu'on se forme du développement d'une pyramide quelconque, abstraction faite de sa base, conduit naturellement à celle du développement du cône.

Si l'on conçoit une courbe tracée sur la surface de ce corps, de manière que tous ses points soient également éloignés du sommet, lorsqu'on développera le cône, la courbe dont il s'agit deviendra un cercle, ou au moins une portion de cercle, dont le rayon sera la distance constante de chacun des points de cette courbe au sommet du cône : or, si l'on imagine une sphère ayant pour centre le sommet du cône, elle coupera sa surface suivant une courbe de la nature de celle dont on vient de parler, et que par conséquent il est facile de construire (82).

Soit FF,F₂ etc. cette courbe, et MM,M₂ etc. une courbe quelconque tracée sur la surface conique proposée, et qu'il s'agisse de développer ; on y parviendra en déterminant les distances MS, M₁S, M₂S, etc. du sommet à chacun de ses points, et la longueur des arcs

Fig. 70.

---

(*) Pour se faire une idée de cette courbe, il n'y a qu'à supposer que le fil ait une certaine largeur, comme celle d'un ruban ; alors on verra qu'il y a une manière de l'envelopper autour de la surface proposée, sans le tordre : la ligne suivant laquelle le ruban touche cette surface, forme précisément la courbe que nous avons en vue.

Nous remarquerons ici que l'on peut de même envelopper librement un fil sur une surface courbe quelconque, en le tendant autant qu'il est possible entre ses extrémités ; la courbe qu'il détermine, par son application sur la surface proposée, est la plus courte qu'on puisse mener entre deux quelconques de ses points, sur cette même surface.

*Complém. de la Géom.* 5ᵉ édit.  7

Fig. 70. FF$_1$, FF$_2$, etc. compris, sur la première courbe, entre une de ces distances prise à volonté, telle que MS, par exemple, et chacune des autres.

Ayant tiré sur un plan une ligne indéfinie sf, pour représenter la position de la génératrice du cône à l'origine du développement, on décrira un cercle du point s comme centre, et d'un rayon sf égal à SF ; ensuite on cherchera de quel nombre de degrés doit être un arc de cercle ff$_1$f$_2$ etc. dont la longueur égalerait celle de l'arc FF$_1$, et ayant fait l'angle fsf$_1$, de ce nombre de dégrés, on prendra sur sf$_1$ une distance sm$_1$ $=$ SM$_1$ ; le point m$_1$, ainsi trouvé, appartiendra au développement qu'on se propose de construire.

100. *Remarque.* Cette solution demande, comme on voit, qu'on connaisse la longueur des différentes parties de la courbe qui a tous ses points à égale distance du sommet du cône, ou que du moins on puisse transformer en arcs de cercle, ces parties : or c'est ce qu'on ne peut obtenir que par le calcul intégral, et le plus souvent par approximation seulement ; en sorte que le procédé que je viens d'indiquer ne peut être employé qu'à l'aide de l'analyse. Mais dans les arts, l'objet qu'on se propose n'étant que d'obtenir une précision suffisante pour les moyens d'exécution dont on peut disposer, on modifie la méthode précédente de manière qu'elle puisse être pratiquée fort simplement.

On développe alors au lieu du cône une pyramide qui lui est inscrite, et qu'on suppose d'un très grand nombre de faces, en sorte que les arcs FF$_1$, F$_1$F$_2$, F$_2$F$_3$, etc. puissent être regardés comme ne différant pas sensiblement de lignes droites, et on les porte successivement en ff$_1$, f$_1$f$_2$, f$_2$f$_3$, etc. sur la circonférence du cercle tracé dans le développement. Le reste de la construction s'achève comme il a été dit précédemment.

101. *Corollaire.* Si l'on suppose que le cône dont on
cherche le développement soit droit, c'est-à-dire à base
circulaire, et que son axe passe par le centre de cette
base, alors la courbe $FF_1F_2$ etc. devient un cercle parallèle à la base du cône ; et comme le rayon $SF$ peut
être pris à volonté, il sera plus commode d'employer la
base elle-même. On voit que dans le développement,
cette base fait encore partie d'un cercle, mais dont le
rayon n'est pas le même que sur le cône ; sur celui-ci c'est Fig. 71.
$OE$, et sur le plan c'est $ES$, ou le côté même du cône.

Si les lignes $OE$ et $ES$ sont commensurables entre
elles, il est aisé d'avoir le développement ; car la longueur de la circonférence de la base du cône, et celle
de l'arc total du développement, étant dans le rapport
de ces lignes, la même chose aura lieu pour chacune de
leurs parties correspondantes. **La** construction sera
parfaitement rigoureuse, si ce rapport est tel, qu'on
puisse construire géométriquement l'arc ge ; car alors
la question se réduira à prendre sur les arcs $GE$ et ge
des parties qui soient entre elles dans le même rapport,
et on peut le faire par la simple opération de la bissec-
tion des angles.

102. *Remarque.* Nous n'entrerons dans aucun détail
à l'égard des surfaces développables en général ; la méthode rigoureuse à employer pour leur développement
ne saurait être indiquée ici, et quant aux méthodes d'approximation, elles sont elles-mêmes trop longues et d'un
usage trop peu fréquent pour qu'on doive s'y arrêter.
Nous nous contenterons d'observer qu'on peut chercher
au lieu du développement de la surface, celui du polyèdre inscrit à cette surface, et formé suivant la même
loi.

On déterminera donc les angles $MRM_1$, $M_1R_1M_2$, Fig. 65.
$M_2R_2M_3$, etc., les longueurs des lignes $MR$, $M_1R_1$,

Fig. 65. $M_2R_2$, etc. et $RR_1$, $R_1R_2$, etc., et à l'aide de ces données, on construira, sur un plan, les triangles $MRM_1$, $M_1R_1M_2$, etc., dans la situation respective où ils se trouvent sur la surface du corps proposé.

Si l'on passe des polygones aux courbes, c'est-à-dire du polyèdre à la surface proposée, toute courbe tracée sur cette surface sera rapportée à l'arête de rebroussement, par les tangentes mêmes de cette arête (*).

### DES PLANS TANGENS AUX SURFACES COURBES.

103. L'idée qu'on doit avoir du plan tangent à une surface courbe, emporte avec elle la condition que ce plan doit passer par toutes les tangentes qu'on peut mener à la surface proposée, par le point où il la touche.

Ou bien encore, si l'on imagine tant de plans qu'on voudra, menés par le point de contact, mais de manière à couper la surface proposée, il faut que les sections qui en résultent soient touchées respectivement par les droites qui sont les intersections des plans coupans et du plan tangent.

Deux lignes droites suffisent pour déterminer la position d'un plan; par conséquent deux sections quelconques, faites par le même point dans une surface courbe, donnant lieu à deux tangentes qui passent par ce point, celles-ci suffiront pour déterminer le plan tangent à la surface proposée.

Nous supposerons pour plus de simplicité dans la méthode générale, que l'on ait coupé la surface proposée

---

(*) J'ai traité cette matière analytiquement, dans un Mémoire lu à l'Académie des Sciences en 1790; et j'y ai donné les formules d'où dépend la tranformation qu'une courbe quelconque subit en passant d'un plan sur une surface développable, et réciproquement : on les trouve à la fin du premier volume de la seconde édition de mon *Traité du Calcul différentiel et du Calcul intégral.*

par deux plans, le premier horizontal, et donnant une
section MZ″, le second vertical, perpendiculaire au Fig. 72.
plan DAB, et donnant pour section la courbe MX′.

Il est clair que si l'on sait mener les tangentes aux
courbes MZ″ et MX′, on aura deux lignes Mt et MT,
qui détermineront le plan tangent demandé.

La question de mener un plan tangent à une surface
courbe quelconque, est donc ramenée à la recherche
des tangentes des courbes planes; c'est tout ce qu'on
peut faire sans employer l'analyse, et nous observerons
de plus qu'il faudrait encore prouver que le plan qui
passera par les deux lignes Mt et MT, passera aussi par
la tangente de toute autre section faite par le point M
dans la surface proposée.

On sent assez bien la vérité de cette proposition; car
si elle n'avait pas lieu, il s'ensuivrait qu'on ne pourrait
pas mener des plans tangens à toutes les surfaces en
général : mais c'est par l'analyse qu'on la démontrerait
complètement.

Voici quelques cas particuliers où la question se modifie et devient beaucoup plus simple.

### PROBLÈME.

104. *Mener un plan tangent à un cylindre.*

La génération du cylindre est telle, qu'un plan le
touche toujours suivant une ligne droite, qui n'est que
la génératrice prise dans l'une de ses positions; mais ce
plan va rencontrer le plan horizontal suivant une ligne
droite P′T′, qui touche la courbe servant de base au Fig. 73.
cylindre.

Il suit donc de là que si l'on mène par le point M, pris
sur une surface cylindrique, une droite MP′ parallèle
à la génératrice AD, et que l'on construise la tangente
P′T′ au point P′ de la courbe qui sert de base au cy-

lindre, le plan tangent demandé sera déterminé par les lignes MP′ et P′T′ : il sera donc facile d'en trouver les communes sections avec chacun des plans coordonnés.

105. *Corollaire I<sup>er</sup>*. Si l'on sait mener des tangentes à la base du cylindre, on pourra, par ce qui précède, en mener aussi à toutes les sections de ce cylindre par un plan quelconque ; car il est aisé de voir que les tangentes de ces courbes seront les intersections des plans qui les contiennent avec le plan tangent au cylindre.

En général, si une courbe est l'intersection de deux surfaces courbes, et qu'on puisse mener des plans tangens à chacune d'elles, la courbe proposée aura pour tangente l'intersection de deux plans respectivement tangens à ces surfaces courbes, dans le point que l'on considère.

*Corollaire II*. Nous avons fait voir (77) comment on pouvait représenter une courbe dont tous les points ne se trouvaient pas dans un même plan ; il suit de tout ce qui précède que pour mener une tangente à une courbe de cette nature, il faut chercher celles de ses deux projections.

En effet, la courbe proposée se trouve d'abord sur un cylindre élevé perpendiculairement sur sa projection horizontale ; sa tangente, dans un point quelconque, est donc comprise dans le plan tangent au cylindre dont on vient de parler. Mais ce plan est perpendiculaire au plan horizontal, et sa commune section avec celui-ci touche la base du cylindre, ou la projection de la courbe proposée, dans un point qui est la projection de celui où il touche la courbe donnée ; cette commune section est donc, sur le plan horizontal, la projection de la tangente cherchée.

En raisonnant de même pour le plan vertical, on

verra que la tangente menée par le point de la projection verticale qui correspond au point donné, sera la
projection verticale demandée.

### PROBLÈME.

1o6. *Mener un plan tangent à un cône.*

La solution de ce problème ne diffère de celle du
précédent, qu'en ce que la ligne SP′ doit être menée par Fig. 74.
le sommet S, au lieu d'être parallèle à la génératrice,
comme dans le cas du cylindre.

### PROBLÈME.

1o7. *Mener un plan tangent à une surface de révolution par un point pris sur cette surface.*

Dans ce cas particulier, les sections les plus simples
qu'on puisse obtenir sont les cercles perpendiculaires
à l'axe de rotation, et la courbe génératrice, qui résulte
toujours de la section faite dans le corps par un plan
mené par cet axe.

Le plan tangent au point M sera donc déterminé par Fig. 75.
les droites Mt et MT, la première tangente au cercle
MZ, et la seconde à la courbe génératrice MX.

Si l'on sait mener une tangente à cette dernière, on
pourra toujours construire le plan tangent à la surface
qu'elle engendre.

1o8. *Corollaire.* Lorsqu'on sait mener des plans tangens aux surfaces courbes, on peut mener des lignes
qui soient perpendiculaires à ces surfaces; car il suffit
pour cela qu'elles soient perpendiculaires aux plans
tangens, et qu'elles passent par les points de contacts.
Ces lignes s'appellent les *normales* des surfaces proposées, nom qu'on a donné aussi aux lignes droites perpendiculaires aux courbes planes.

Il y a cette différence entre les normales des courbes,

planes et celles des surfaces courbes, que les premières se rencontrent toutes ou sont parallèles, au lieu que pour les dernières il faut choisir certaines suites de points sur la surface proposée, pour en trouver qui aient cette propriété. En général elles sont situées dans des plans différens.

Les courbes à double courbure qui ne sont pas comprises dans un seul plan déterminé, ne peuvent pas non plus avoir des normales déterminées ; mais ces lignes sont remplacées par des plans menés perpendiculairement à leurs tangentes, par les points de contact, et auxquels on a donné le nom de *plans normaux*. On peut construire ces plans toutes les fois qu'on sait mener des tangentes aux courbes proposées.

109. *Remarque générale.* Les surfaces courbes peuvent être divisées en deux classes, par rapport à leurs plans tangens.

Dans l'une, le contact du plan tangent et de la surface proposée a lieu dans toute l'étendue d'une ligne droite. Cette classe comprend toutes les surfaces développables, et ne comprend qu'elles.

Chacune des surfaces de l'autre classe n'a de commun avec son plan tangent qu'un ou plusieurs points, mais toujours limités en nombre.

Il suit de là que si l'on se proposait de mener des plans tangens aux surfaces courbes par des points pris hors de ces surfaces, ou de les déterminer par des conditions qui soient étrangères à ces mêmes surfaces, le nombre des conditions ne saurait être le même pour une des classes de surfaces que pour l'autre.

Toutes les fois que le contact doit se faire dans une ligne droite, il est clair qu'il suffit d'un point ou d'une condition pour achever de déterminer le plan tangent.

Ainsi il faut se proposer en général de mener par un point donné, un plan tangent à un cylindre, à un cône, ou à une surface développable; et c'est par deux points ou par une droite donnée, qu'il faut mener un plan tangent à une surface de révolution engendrée par une courbe. Nous ne ferons qu'indiquer la manière de résoudre ces questions.

Dans le cas du cylindre, il est clair que si l'on mène par le point donné une parallèle à la génératrice, elle se trouvera sur le plan cherché, puisqu'il doit toucher la surface proposée, dans une ligne parallèle à cette droite; mais la commune section de ce plan avec le plan horizontal doit toucher la base du cylindre; il sera donc déterminé par la droite qu'on vient de mener, et par la tangente tirée du point où elle rencontre le plan horizontal, à la courbe qui sert de base au cylindre : la question est donc réduite à savoir mener une tangente à cette courbe par un point extérieur. On appliquera ce procédé au cône, en menant par le point donné et le sommet, la première droite dont nous avons parlé.

Pour les surfaces développables en général, on construira leurs intersections avec deux plans quelconques menés par le point donné; et si l'on peut mener par le point donné les tangentes à ces sections, elles détermineront le plan tangent demandé.

Si la surface courbe proposée n'est pas développable, c'est par une droite qu'il faut lui mener un plan tangent; et il est évident qu'il ne s'agit que de trouver sur cette surface un point par lequel on puisse mener deux tangentes qui passent par la droite donnée : elles détermineront le plan cherché.

Il est aisé de voir que ces droites peuvent être regardées comme faisant partie de deux surfaces formées par

des droites assujetties à toucher la surface proposée, et
à passer par la ligne donnée ; et voici comment on peut
construire ces surfaces. On concevra une suite de plans
menés suivant une certaine loi, tous horizontaux, par
exemple ; et par les points où ils rencontreront la droite
donnée, on tirera des tangentes aux sections qu'ils font
dans la surface proposée : les projections de tous les
points de contacts appartiendront à la courbe suivant
laquelle cette surface est touchée par celle qui résulte
de l'ensemble des tangentes dont on vient de parler. On
prendra ensuite des plans coupans assujettis à une autre
loi, verticaux et parallèles, par exemple, et on cherchera aussi la courbe de contact de la surface proposée
et de celle qui résulte de toutes les tangentes menées
comme précédemment, par des points de la droite donnée, aux nouvelles sections qu'on obtiendrait. Il est évident que chacun des points où les courbes de contact
se rencontrent, est situé sur deux droites qui touchent
la surface proposée, et qui passent par la ligne donnée ;
ces droites déterminent donc un des plans tangens demandés.

Si la surface proposée était de révolution et avait son
axe vertical, les sections horizontales seraient toutes
des cercles, soit en elles-mêmes, soit dans leur projection ; et il serait facile de leur mener des tangentes par
le point de la droite donnée, situé dans le plan qui
les produit. Quant aux plans coupans verticaux, il
faudrait les assujettir à passer par l'axe, afin de n'avoir
pour toutes les sections que la courbe génératrice. Si
l'on savait mener des tangentes à cette courbe par des
points extérieurs, et qu'on projetât les contacts sur des
plans coordonnés, on achèverait la solution comme plus
haut.

110. La division que nous venons d'établir dans les

surfaces, relativement aux plans tangens, a lieu également par rapport à leur courbure. On a dû remarquer que le cylindre, par exemple, avait un sens dans lequel il était privé de courbure, et c'est précisément le long de la droite génératrice. Cette propriété lui est commune avec toutes les surfaces développables ; car étant touchées suivant une ligne droite, par un plan, elles n'ont aucune courbure dans le sens de cette ligne.

Il ne faut pas comprendre dans cette observation les surfaces décrites dans les n°ˢ 89 et 90, qui sont formées de lignes droites à la vérité, mais qui ne sauraient être touchées par un plan dans toute l'étendue de ces droites.

Il est bien vrai qu'en coupant les surfaces dont il s'agit par un plan mené par la droite génératrice, la section qu'on obtiendrait n'aurait pas de courbure : mais il ne faut pas confondre la courbure d'une surface avec celle de ses sections ; car il est évident qu'en donnant certaines positions au plan coupant, on peut varier cette courbure par un même point, d'une infinité de manières.

De même que dans les courbes planes, on mesure la courbure dans chaque point, par celle de l'arc de cercle qui passe par trois points infiniment proches, et dont le centre se trouve au point de concours de deux normales consécutives, de même aussi dans les surfaces courbes, il faut chercher le point de concours de deux normales consécutives, et élever par ce point, perpendiculairement à leur plan, une droite, qu'on regarde comme l'axe de rotation d'un petit arc de courbe qui décrit l'élément de la surface ; mais il faut que dans cet arc se trouvent aussi deux normales consécutives qui se coupent.

Toutes ces recherches qui sont l'objet de l'analyse la plus délicate et la plus élégante, ne sauraient être traitées complètement par de simples considérations géométriques. Les lecteurs trouveront dans les Mémoires de l'Académie de Berlin, année 1765, dans ceux de l'Académie des sciences de Paris, année 1781, enfin dans le tome X des Savans Etrangers, tout ce qu'on peut désirer sur cette matière. ( Voyez aussi mon *Traité du Calcul différentiel et du Calcul intégral*, tome I. )

## ESSAI SUR LA PERSPECTIVE.

111. Tout le monde sait que la lumière se propage en ligne droite, et que les objets ne deviennent visibles que par les rayons qu'ils nous renvoient. C'est l'ensemble de ces rayons qui détermine les images des corps.

Ainsi nous apercevons le contour du quadrilatère Fig. 76. ABCD, parce que chacun de ses points renvoie un rayon lumineux à notre œil. Il est aisé de voir que l'ensemble de ces rayons est la pyramide formée par les lignes menées des différens points de l'objet à notre œil (*).

Représentons cette pyramide par OABC, le sommet O désignant la position de l'œil. Il est évident que tous les points situés sur les faces adjacentes à ce sommet, se trouvent sur quelqu'une des lignes tirées des différens points du contour ABCD : les images des premiers points doivent donc se confondre avec celles des seconds ; et par conséquent si la pyramide était coupée

(*) Nous avons supposé l'objet blanc ou coloré, mais non pas noir, car alors on ne le voit que par l'absence des rayons de lumière ; ainsi, pour le cas de la figure, il serait vrai de dire que la pyramide est déterminée par l'absence des rayons dans l'espace occupé par les côtés du quadrilatère.

Nous sommes d'ailleurs obligés de faire abstraction des circonstances physiques de la vue ; mais ceux de nos lecteurs qui en sont instruits sentiront aisément que l'application de la méthode n'en est pas moins rigoureuse.

par un plan ou par une surface quelconque, le contour Fig. 76. qui résulterait de cette intersection aurait pour l'œil la même forme que le quadrilatère ABCD.

Il n'est donc pas nécessaire de présenter à nos yeux l'objet lui-même, pour que nous éprouvions la sensation qu'il ferait naître en nous par l'organe de la vue ; il suffit de déterminer un assemblage de rayons disposés respectivement comme le seraient ceux qui iraient des différens points de l'objet à notre œil (*).

De là vient la possibilité de représenter les corps sur un tableau ; car si on conçoit que la pyramide formée par l'ensemble des rayons menés de différens points du corps à notre œil, soit coupée par un plan, il en résultera une image propre à faire naître la sensation du contour du corps et de la disposition respective de ses différentes parties.

Il suit de ce qui précède, que la détermination de cette image dépend uniquement de la recherche des intersections des lignes menées de l'œil aux divers points remarquables de l'objet, avec le plan ou la surface sur laquelle il doit être représenté.

Les positions respectives de l'œil, du tableau et de l'objet, doivent être déterminées, pour que l'image le soit. La connaissance de la forme réelle et des dimensions du corps qu'on veut représenter, donnera les projections des points remarquables qui déterminent son contour et la situation des parties qui le composent. Le problème sera donc réduit à trouver, sur le tableau,

---

(*) Il est évident qu'on formerait encore une perspective de l'objet, en supposant que les rayons visuels fussent prolongés au-delà pour aller rencontrer le tableau placé derrière ; l'image serait alors plus grande que l'objet. On pourrait aussi placer le tableau derrière l'œil, la pyramide étant prolongée au-delà de son sommet ; l'image serait renversée.

l'image de chacun de ces points, c'est-à-dire la rencontre d'une ligne droite donnée, avec un plan ou une surface aussi donnée.

Je vais parcourir les différens cas de cette question, sans néanmoins entrer dans les détails qui sortent des bornes que je me suis prescrites.

### PROBLÈME.

112. *Trouver sur un tableau plan, situé d'une manière quelconque, l'apparence ou la perspective d'un point donné dans l'espace.*

On prendra les projections verticales des points proposés, sur un plan perpendiculaire à la commune section du tableau avec le plan horizontal.

Fig. 77. Soient donc T'AT" le tableau, O' et O" les projections de l'œil O, P' et P" celles du point P à mettre en perspective ; O'P' et O"P" seront les projections du rayon visuel OP.

La rencontre p de cette ligne et du tableau, déterminera l'apparence cherchée; mais comme ce point doit être construit sur le tableau, les projections p' et p" ne suffisent pas; il faut appliquer ici le procédé du n° 51, à l'aide duquel on trouvera les distances Ap et Ap" de ce même point à deux lignes AT" et AT' perpendiculaires entre elles dans le tableau. La seconde, qui est l'intersection du tableau avec le plan horizontal sur lequel les objets reposent, est nommée en perspective, *ligne de terre.*

Il suffit alors d'abaisser p'p perpendiculaire sur AT', pour avoir la distance du point p à la droite AT". Cela est évident en concevant le plan vertical p'pp, parallèle à T"AB; il est d'ailleurs aisé de voir que Ap" est la distance du point cherché à la ligne de terre AT'.

113. Quand le tableau est perpendiculaire sur le plan

horizontal, comme le marque T′At″, alors les projec- Fig. 77.
tions O′P′ et O″P″ déterminent elles-mêmes, par leur
rencontre avec les lignes T′A et t″A, les distances Aq′
et Aq″, de la perspective q à chacune de ces droites.

114. Nous avons pris pour exemple une pyramide Fig. 79.
dont les quatre angles trièdres ont leurs sommets projetés à l'extrémité des rayons menés des points O′ et O″.
La construction de la perspective de l'un de ces sommets est désignée par les mêmes lettres que dans la
figure 77.

115. Dans le cas où le tableau est droit, on simplifie Fig. 78.
beaucoup la construction, en prenant le plan même du
tableau pour plan coordonné vertical. L'œil étant supposé derrière le tableau, a sa projection horizontale en
O′; celle du point proposé est en P′, et p est la perspective de ce point.

116. *Remarque.* Si l'objet à représenter est terminé
par des lignes droites et par des plans, on construira
son image en cherchant les perspectives des sommets
des angles polyèdres qui le terminent; et il ne sera besoin pour cela que de répéter le procédé qui vient d'être
indiqué. Deux points détermineront une ligne droite, et
les faces de l'objet proposé seront formées d'un certain
nombre de lignes.

Quand l'objet est terminé par des surfaces courbes,
il ne présente alors aucun point particulier à saisir pour
déterminer sa forme; il faut préalablement trouver son
*contour apparent.*

Le contour apparent n'est autre chose que la courbe
qui sépare, sur un corps, la partie qu'on voit de cele
qu'on ne voit pas; et il est évidemment formé par l'ensemble des points dans lesquels le rayon visuel ne fait
que toucher la surface du corps. Si on conçoit une sur-

face conique ayant son sommet placé dans l'œil, et qui enveloppe le corps proposé, en le touchant, la courbe des contacts sera précisément celle du contour apparent.

Si l'on coupe ce cône par des plans menés par l'œil, suivant une loi établie à volonté, chacun d'eux formera dans le corps proposé, une section qui sera touchée par deux des droites génératrices du cône. De là résulte une méthode générale pour construire le contour apparent d'une surface courbe.

On imaginera cette surface coupée par une suite de plans verticaux, tels que $OO'P'P$, passant tous par l'œil; on construira, sur le plan vertical, la projection $P''X'$ de chacune des sections, et on mènera du point $O''$, une tangente $O''P''$ à cette courbe. Ayant les projections du rayon visuel, on trouvera, comme dans le problème précédent, la perspective du point $P$ situé sur la limite visible de l'objet proposé, ou sur son contour apparent.

On voit que cette méthode tient de près à celle qu'on a donnée pour trouver les intersections des surfaces courbes; il est donc aisé de prévoir qu'elle peut, comme cette dernière, se réduire à des procédés plus simples pour le cas de certaines surfaces, en rapprochant le système des plans coupans de celui de la génération de ces surfaces : mais n'ayant pas le dessein d'écrire un Traité complet de Perspective, je ne dois pas entrer dans ces détails.

117. *Remarque.* Il y a encore un genre de perspective d'un grand usage. On suppose alors que l'œil est placé à une distance infinie de l'objet : par là les rayons visuels peuvent être regardés comme parallèles entre eux; et ayant désigné par une droite quelconque la direction suivant laquelle les corps doivent être vus, il ne

s'agit plus, pour mettre des points en perspective, que de mener par ces points, des lignes parallèles à la ligne donnée, et de trouver leur rencontre avec le tableau.

On voit encore que dans cette hypothèse, le contour apparent d'un corps est déterminé par des tangentes à sa surface, qui sont parallèles entre elles, et dont l'ensemble forme un cylindre.

Pour déterminer ces tangentes, on choisit les plans coupans verticaux et parallèles à la ligne donnée; et les tangentes aux projections verticales des sections doivent être menées parallèlement à la projection de la ligne donnée qui marque la direction du rayon visuel.

Cette perspective est une espèce de projection qu'on pourrait employer pour résoudre les questions du genre de celles que j'ai traitées dans la première et la seconde partie de cet Ouvrage; car rien n'oblige à projeter par des perpendiculaires, et dans un grand nombre de cas les solutions deviennent plus simples, lorsqu'on projette par des lignes obliques.

Je vais encore donner quelques propositions qui servent de fondement à une méthode de perspective fort répandue, et qui s'applique avec beaucoup de facilité aux corps terminés par des plans et des lignes droites.

## THÉORÈME.

118. *Si on mène par l'œil, une parallèle à une droite* Fig. 80. *située d'une manière quelconque par rapport au tableau, le point où cette parallèle rencontre le tableau, appartient à la perspective de la droite proposée.*

En effet, toutes les lignes menées de l'œil aux différens points de la droite proposée forment un plan, qui, par sa rencontre avec le tableau, détermine la perspective de cette droite; mais la ligne OO' étant parallèle

*Complém. de la Géom.* 5e édit.                    8

Fig. 80. à la proposée, et passant par l'œil, que je suppose en O, est comprise nécessairement dans ce plan : donc le point O′ où elle rencontre le tableau TA, appartient à la perspective dont il s'agit.

119. *Remarque.* Il est évident d'ailleurs que le point P′, où la droite proposée rencontre elle-même le tableau, fait aussi partie de sa perspective ; donc pour tracer cette perspective, il suffit de connaître les points où la proposée et une ligne qui lui serait menée parallèlement par l'œil, rencontrent le tableau.

120. *Corollaire I.* Il suit du théorème précédent, que les perspectives de tant de lignes parallèles entre elles qu'on voudra, se couperont toutes dans un seul point du tableau. Ce point est nommé dans les Traités de Perspective, *point accidentel.*

En effet, on ne peut mener par l'œil qu'une seule ligne qui leur soit parallèle à toutes, et leurs perspectives passeront nécessairement par le point où elle rencontre le tableau.

121. *Corollaire II.* Si les lignes proposées étaient en même temps parallèles au tableau, la droite OO′ menée par l'œil, ne rencontrerait plus le tableau, et par conséquent les perspectives seraient parallèles entre elles.

On s'assurera, *à priori*, de la vérité de cette proposition, par le raisonnement suivant. Les deux droites proposées étant parallèles entre elles, les plans formés par l'assemblage des rayons menés de l'œil aux différens points de ces lignes, et qui contiennent leurs perspectives, ont nécessairement leur intersection parallèle à ces mêmes lignes, et par conséquent au tableau. Les perspectives ne pouvant se rencontrer que dans les points communs à cette intersection et au tableau, seront donc parallèles entre elles.

122. *Corollaire III.* De là dérive une méthode très simple de mettre en perspective des lignes et des points.

On abaisse une perpendiculaire OO″ de l'œil sur le Fig. 81. tableau; le point O″ où elle le rencontre s'appelle *point de vue*. Il suit de ce qui précède, que toutes les perspectives des lignes perpendiculaires au tableau doivent concourir à ce point.

On projettera donc le point proposé P sur le tableau, que nous supposerons vertical; le point P″ où tombe cette projection sera celui où la perpendiculaire menée du point proposé sur le tableau, le rencontre; et la perspective de cette droite sera P″O″.

On tirera ensuite P′*M* faisant avec AB, un angle égal à la moitié d'un droit; ce sera la projection d'une ligne horizontale menée du point P, au tableau, sous cet angle, et sa rencontre avec ce plan aura lieu au point M″, placé à une hauteur *M*M″ égale à P′P. Mais si on prend sur O″D″, parallèle à AB, une grandeur O″D″ égale à la distance OO″ de l'œil au tableau, il est aisé de voir que la ligne OD″ sera parallèle à toutes celles qu'on mènerait horizontalement sous un angle de 0ᵍ, 5, au tableau, dans le sens de *M*P′; par conséquent les perspectives de ces lignes doivent toutes se rencontrer au point D″, qu'on nomme *point de distance*. Ayant tiré M″D″, cette droite doit contenir la perspective du point P; mais cette perspective doit se trouver aussi sur O″P″: elle est donc en R″.

123. *Remarque.* On peut encore pratiquer la perspective au moyen de l'*échelle fuyante*, qui dispense de tracer le plan géométral et l'élévation des objets, et dont voici le principe de construction.

On rapporte les objets à trois plans perpendiculaires entre eux; le premier horizontal, et passant par la ligne de terre AB; le second vertical, perpendiculaire au Fig. 82.

Fig. 82. tableau, et passant par le bord BT ; le troisième est le tableau lui-même AT, que je suppose ici droit : un point sera donc donné, si l'on connaît ses distances respectives à ces trois plans (24). La distance au tableau se comptera sur BC, la distance au plan vertical passant par BC et par BT, se comptera sur AB, et enfin la distance au plan horizontal, ou la hauteur du point, se comptera sur BT. Cela posé, les deux lignes AB et BT étant dans le tableau, il suffit d'y transporter les divisions de la troisième BC, ce qui se fait en tirant au point de vue la ligne BO″ qui sera la perspective de BC, et en menant au point de distance D″, les droites aD″, 1D″, 2D″, etc. qui couperont BO″, aux points c, 1, 2, 3, etc. correspondans aux parties Bb, b1, 12, etc. de la ligne BC.

La ligne BO″, ainsi divisée, est l'*échelle fuyante* qui marque l'enfoncement apparent des objets dans le tableau ; et si l'on tire par les points de division de cette échelle, des droites parallèles à AB, elles pourront être considérées comme les *lignes de terre* de divers plans menés parallèlement au tableau, à des *profondeurs* marquées par les divisions correspondantes de l'échelle : elles contiendront les perspectives des projections horizontales, ou des *pieds* des objets situés dans ces plans.

Si l'on prend ensuite sur la droite AB, que l'on nomme *échelle de front*, une partie Be égale à la distance où le point proposé est du plan vertical passant par BC et par BT, et qu'on tire au point de vue la droite eO″, la rencontre de celle-ci avec g2, parallèle à AB, donnera la perspective de la projection horizontale, ou du *pied* de l'objet proposé.

Enfin, si l'on prend sur BT, *échelle des hauteurs*, la partie ef égale à la hauteur du point proposé, et qu'on tire fO″, cette dernière droite rencontrera gh, perpendiculaire à g2, au point h, qui sera la perspective Fig. 82. demandée.

On voit que ce procédé donne, en opérant immédiatement sur le tableau, la perspective de tous les objets qu'on veut y représenter, dès qu'on a construit *l'échelle fuyante.*

On peut aussi, lorsque les dimensions du tableau sont assez grandes pour rendre le tracé d'une exécution difficile, calculer les divisions de l'échelle fuyante, en considérant les triangles semblables $O''cD''$ et $acB$; d'où il résulte

$$aB : Bc :: O''D'' : O''c,$$
$$aB + O''D'' : Bc + O''c :: aB : Bc,$$
$$aB + O''D'' : BO'' :: aB : Bc.$$

Les divisions de cette échelle donnent les distances des droites qui représentent les communes sections des plans perspectifs parallèles à celui du tableau. Les hauteurs $hg$ se calculent aussi par une simple proportion; puisque l'on a $ef : hg :: eO'' : gO''$, et que d'ailleurs les droites $eO''$ et $gO''$ sont évidemment entre elles comme les distances $BO''$ et $O''2$.

Nous remarquerons que l'usage du compas de proportion facilite beaucoup les opérations de la perspective, et qu'il est surtout très commode pour déterminer les hauteurs apparentes.

La proportion $aB : Bc :: O''D'' : O''c$, ferait connaître la distance $O''D''$ de l'œil au tableau, si l'on se donnait la droite $BO''$, l'espace $aB$ et sa perspective $Bc$.

124. *Remarque générale.* On vient de lire dans ce qui précède, les moyens généraux qu'on peut employer pour mettre en perspective les contours apparens et les points remarquables des objets; mais ces procédés qui

composent *la perspective linéaire*, ne suffisent pas pour donner une représentation complète des corps.

Les parties éclairées ou les coups de lumière, les ombres et les dégradations de teinte, concourent à rendre sensibles les saillies, les enfoncemens et les lointains. Toutes ces circonstances peuvent se déterminer rigoureusement par des méthodes analogues à celles que nous avons données. Il ne faut pour cela que décomposer l'énoncé de la question, de manière à pouvoir reconnaître les conditions mathématiques auxquelles on doit satisfaire.

Pour les ombres, par exemple, si le corps lumineux est réduit à un point, on voit qu'elles sont déterminées par l'espace compris dans une surface conique tangente au corps opaque, et ayant pour sommet le point lumineux.

Par conséquent, déterminer l'ombre portée sur quelque surface que ce soit, c'est chercher l'espace que ce cône retranche de la surface dont il s'agit, espace circonscrit par la courbe qui est l'intersection du cône dont on vient de parler et de la surface proposée.

Nous ne pouvons considérer ici ces objets qui demandent des connaissances étrangères à la Géométrie; nous les avons indiqués seulement pour faire voir de quelle utilité peut être dans les arts, l'habitude des considérations de la Géométrie de l'espace (*).

______

(*) C'est sur des notions de Physique, et sur des expériences très délicates, encore peu répandues, que reposent les théories indiquées ci-dessus, et qui comprennent ce que les Artistes appellent *la perspective aérienne*, le *clair-obscur*. On peut consulter à cet égard l'ouvrage de Lambert, ayant pour titre: *Photometria*, etc., deux Mémoires du même auteur dans les volumes de l'Académie de Berlin pour 1768 et 1774, et la 4e édition de la *Géométrie descriptive* de Monge, dans laquelle M. Brisson, ingénieur en chef des ponts et chaussées, l'un des plus anciens élèves de de l'Ecole Polytechnique,

La Gnomonique, sur laquelle on a écrit des Traités assez volumineux, ne saurait embarrasser, dans aucun cas, celui qui possède bien cette Géométrie. Dès qu'il a conçu ce que c'est qu'un cadran solaire en général, il peut en tracer un de telle nature qu'il voudra, et sur telle surface que ce soit, pourvu qu'il connaisse la génération de cette surface ; car alors il n'aura besoin que de chercher des intersections de plans et de surfaces donnés.

Montucla, dans son *Histoire des Mathématiques*, a donné une définition de la Gnomonique, à laquelle les procédés que j'ai exposés précédemment s'appliquent tout de suite.

« Qu'on ait (dit-il) douze plans se coupant tous à » angles égaux dans une même ligne, et que ces plans, » indéfiniment prolongés, en rencontrent un autre dans » une situation quelconque, il s'agit de déterminer les » lignes dans lesquelles ils le coupent. »

Les méthodes qu'il donne pour résoudre ce problème, sont à la fois très simples et très générales, et l'une d'elles rentre dans les opérations auxquelles seraient conduits ceux de nos lecteurs qui voudraient employer les moyens que nous avons exposés dans la première Partie.

------

a rédigé avec beaucoup de soin les notions que cet illustre professeur avait données sur ce sujet à la première Ecole Normale et à l'Ecole Polytechnique.

Ce coup-d'œil jeté par des savans, sur l'art du peintre, est remarquable surtout parce qu'il donne un sens précis à des expressions. métaphoriques que les Artistes emploient pour désigner des résultats d'observations très fines, mais que les *Amateurs* répètent sans les comprendre, et qui font d'autant mieux fortune, qu'elles paraissent plus étranges.

FIN.

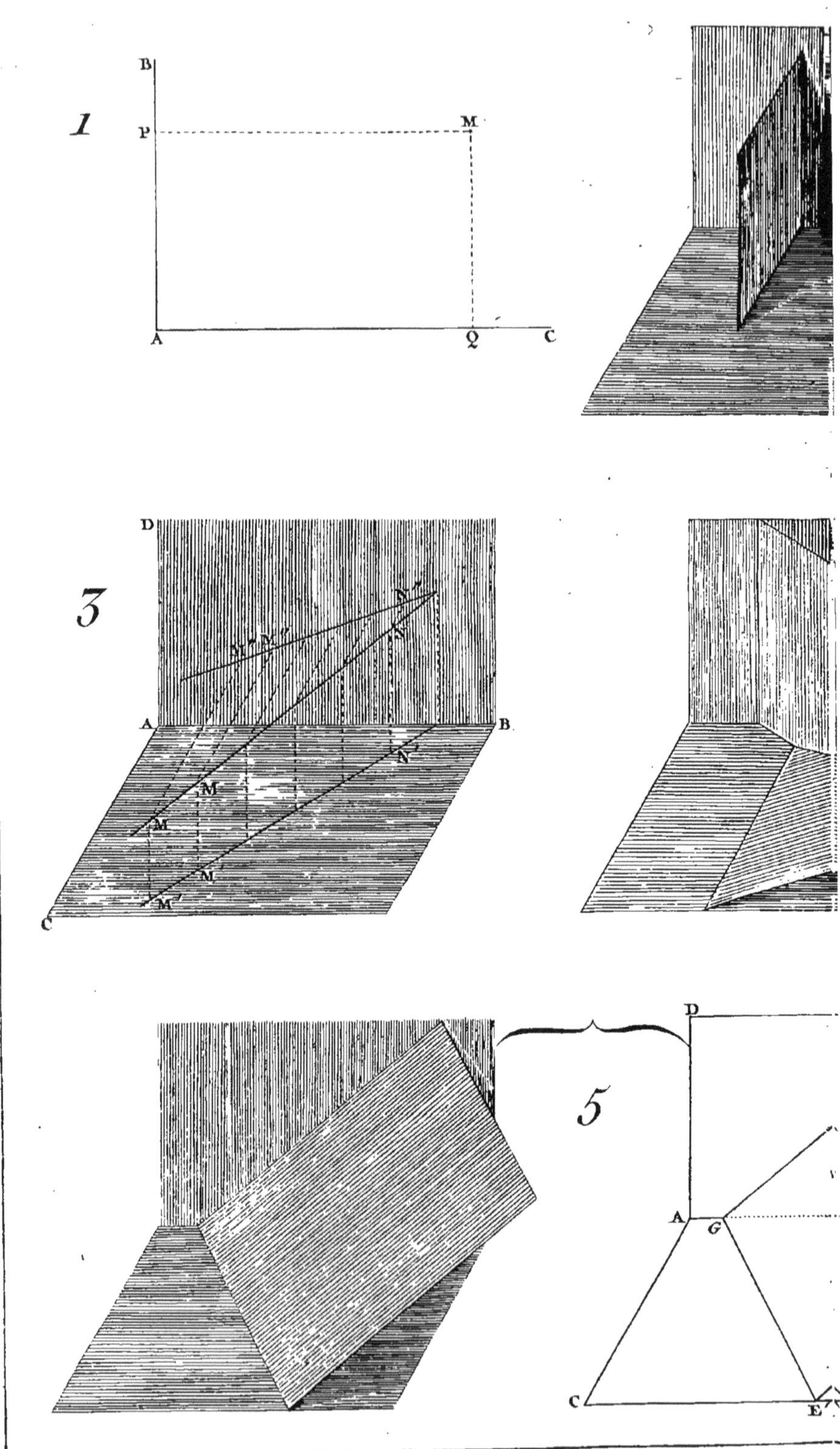

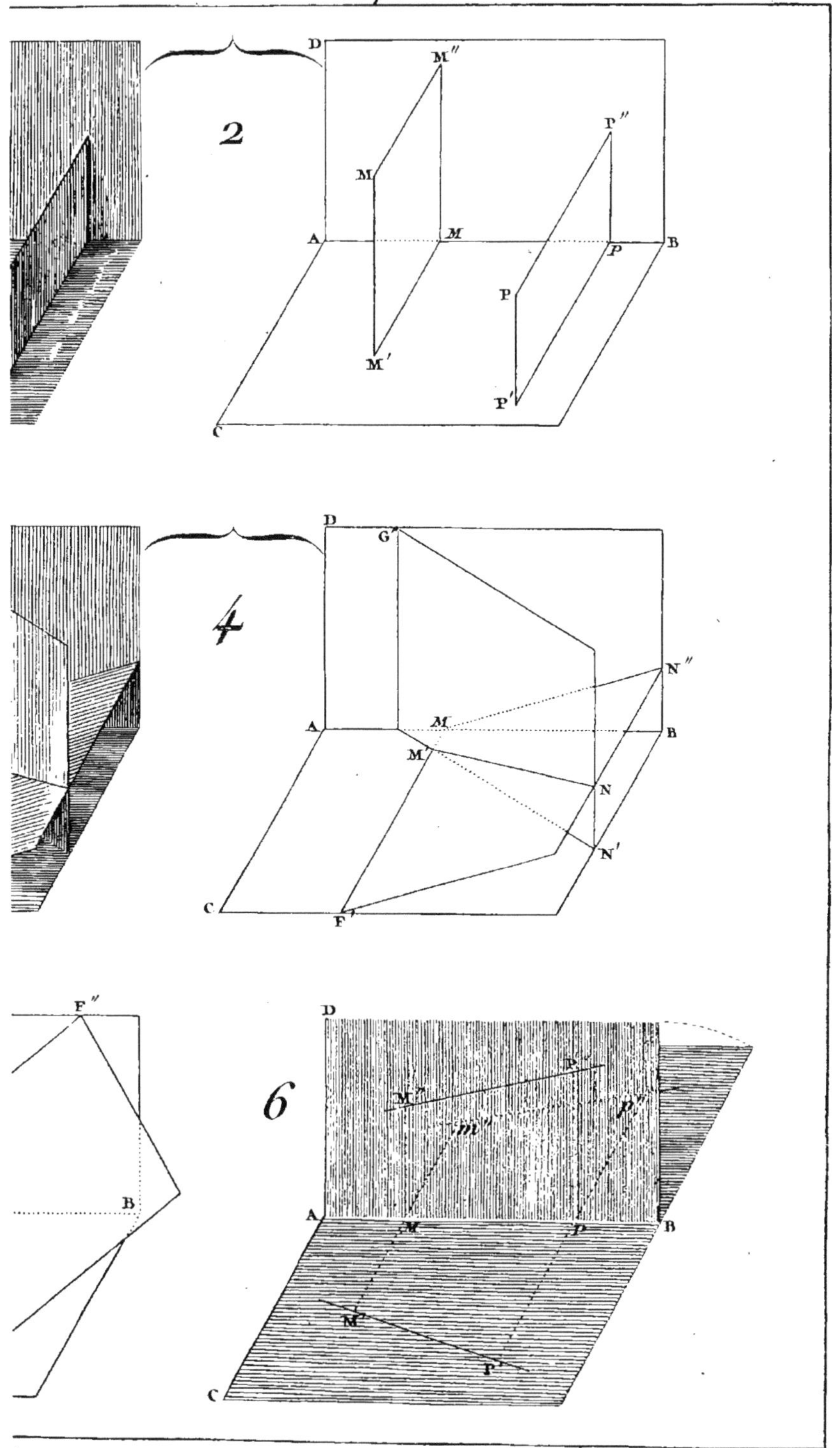

2
D
M"
P"
M
M
P
B
A
M'
P
P'
C
4
D
G'
N"
M
B
A
M'
N
C
N'
F'
F"
6
D
M"
P"
m"
p"
A
M
P
B
M'
P'
C
Cloquet Sculp.

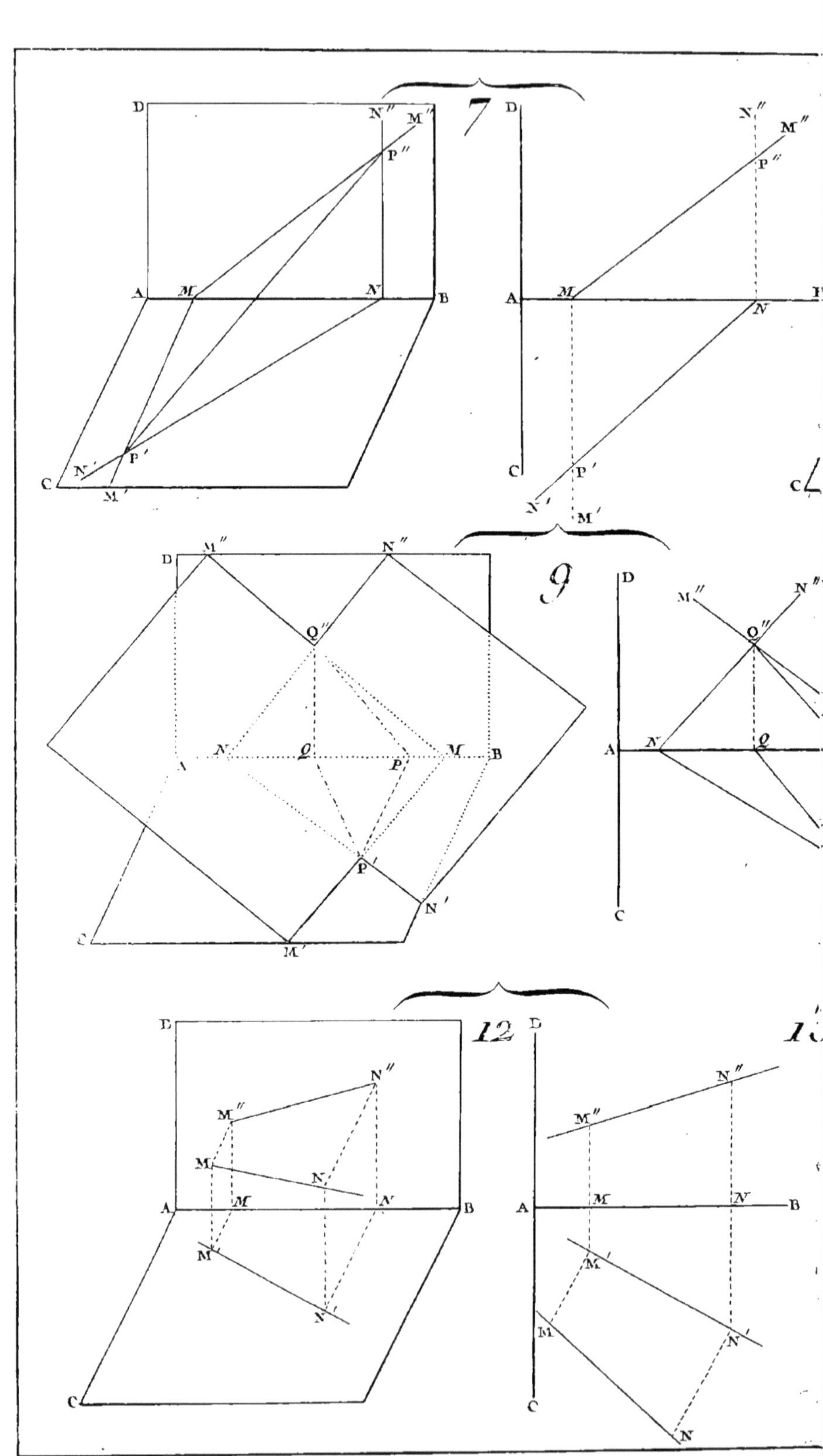

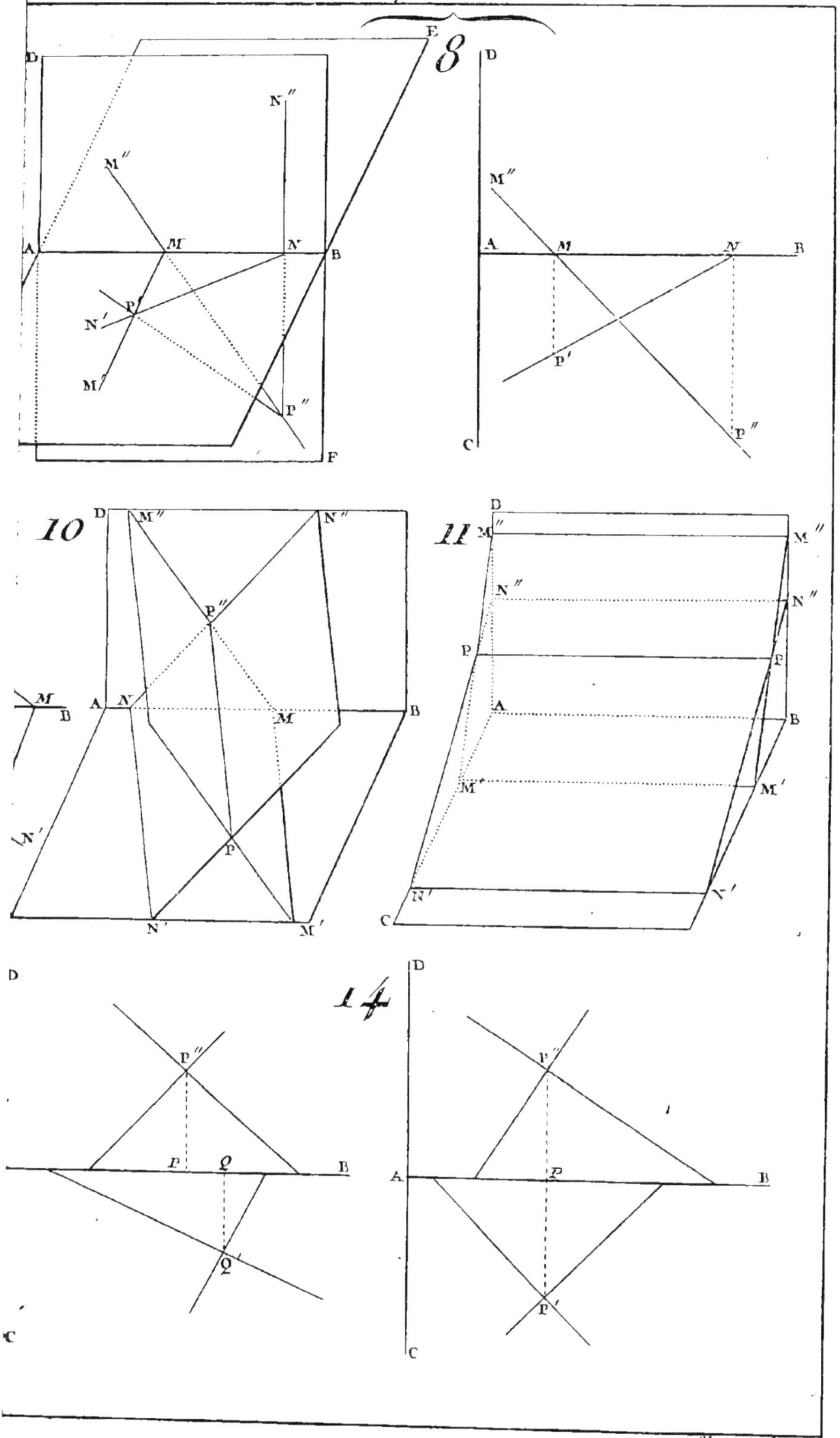


Cloquet Sculp

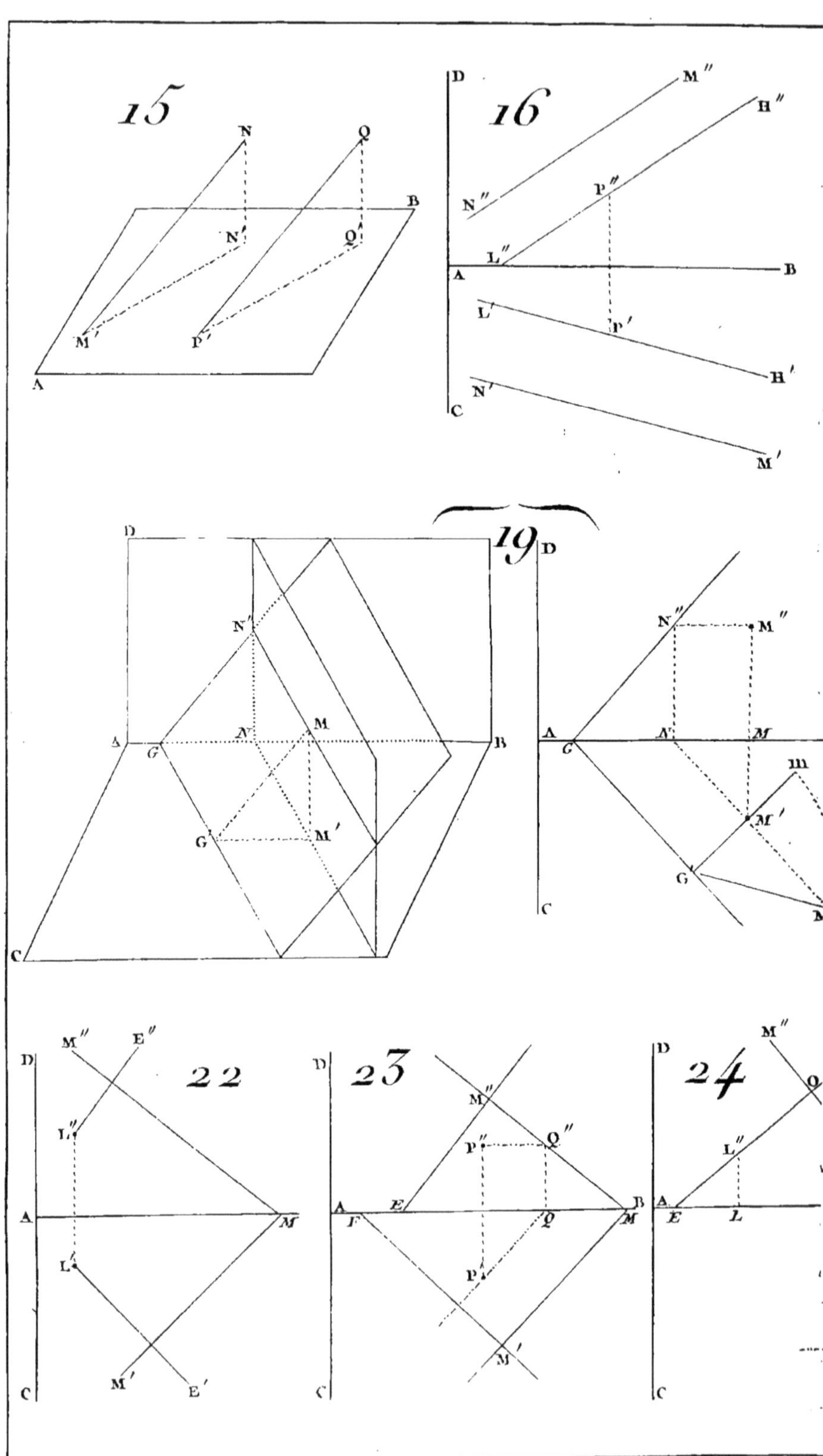

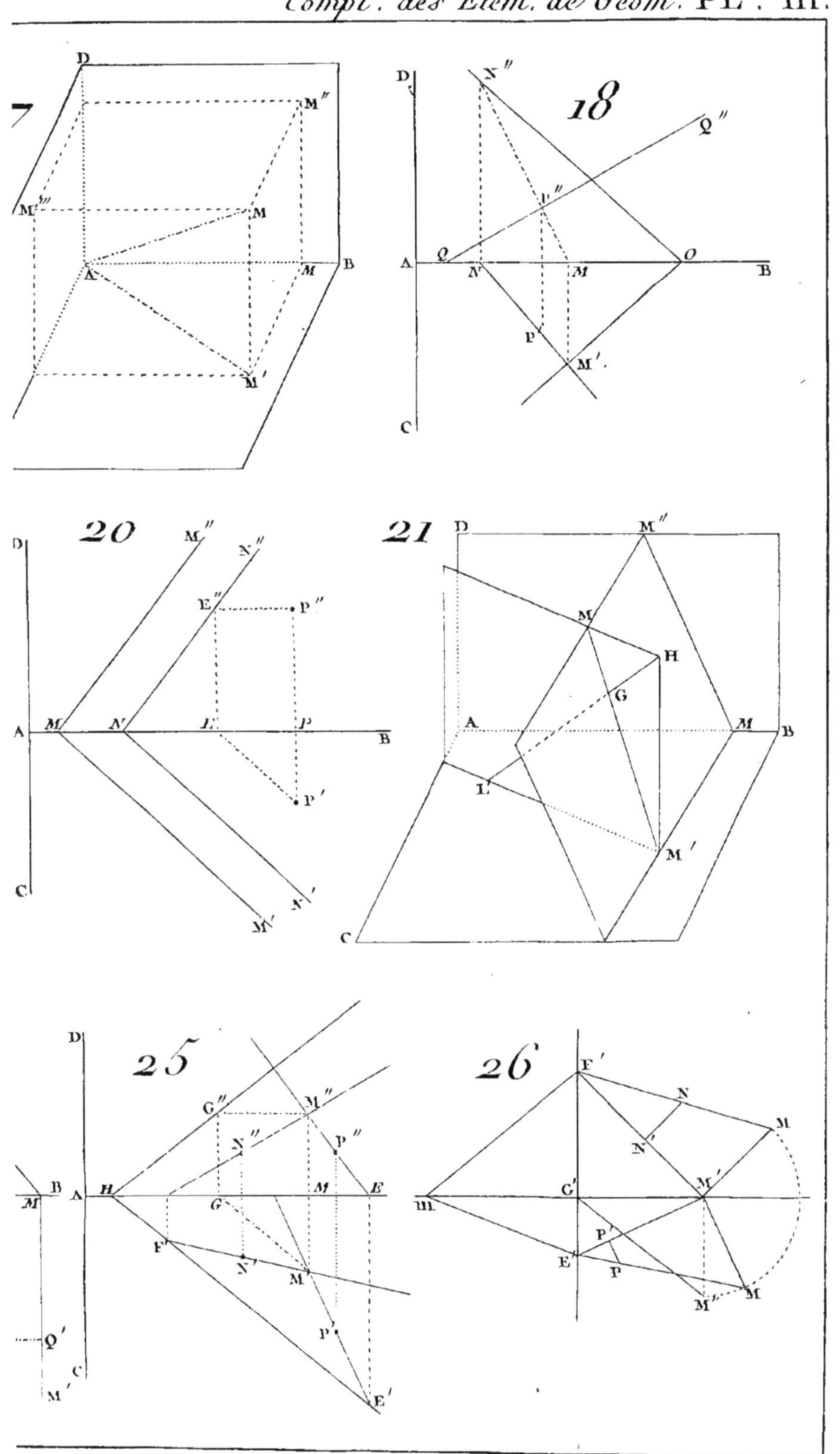



Cloquet Sculp.

27
30
31
32
35

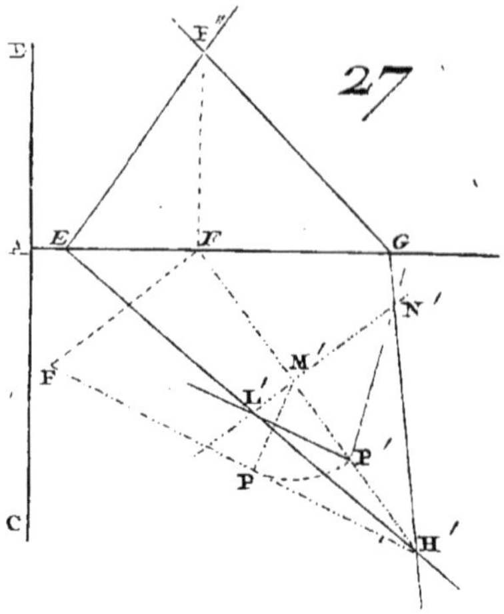

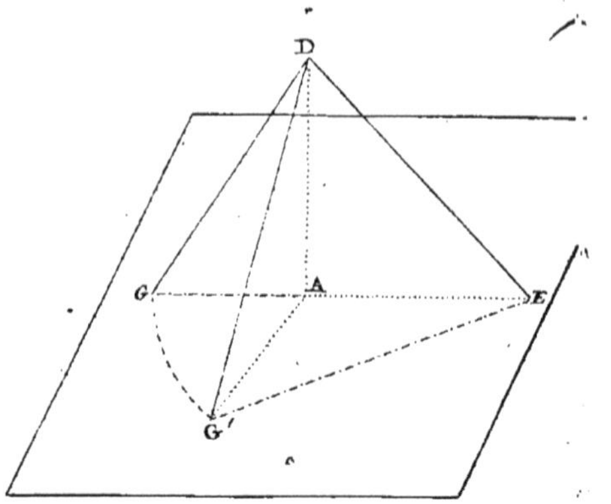

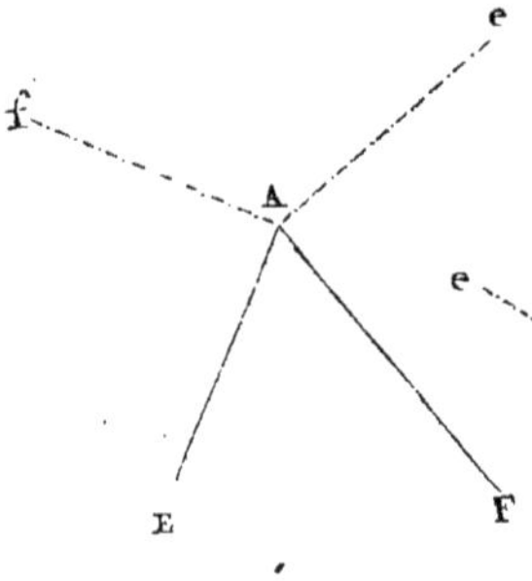

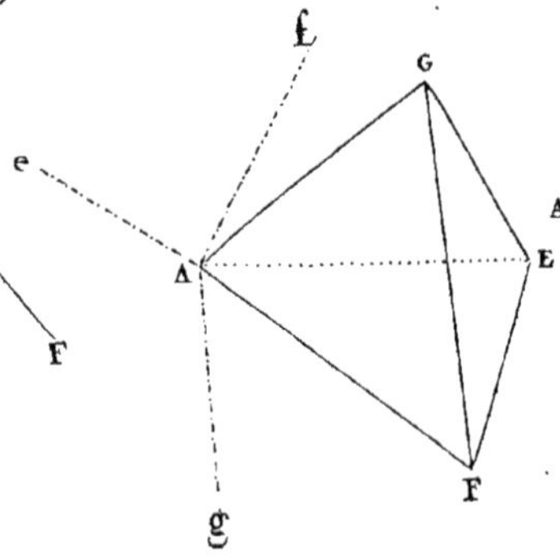

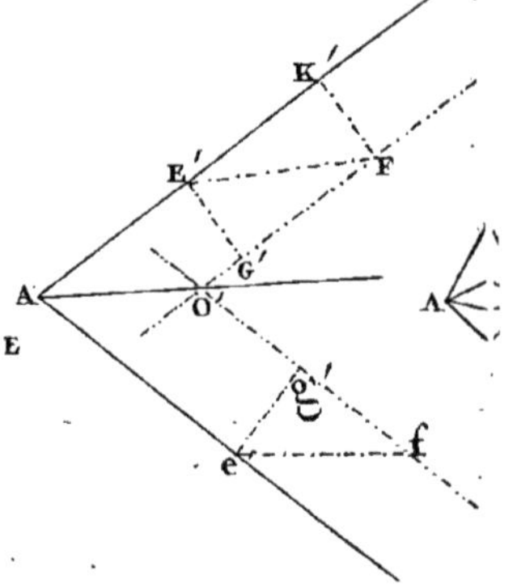

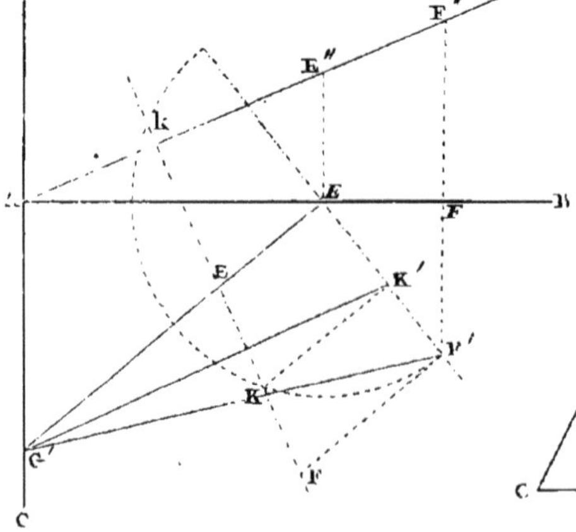

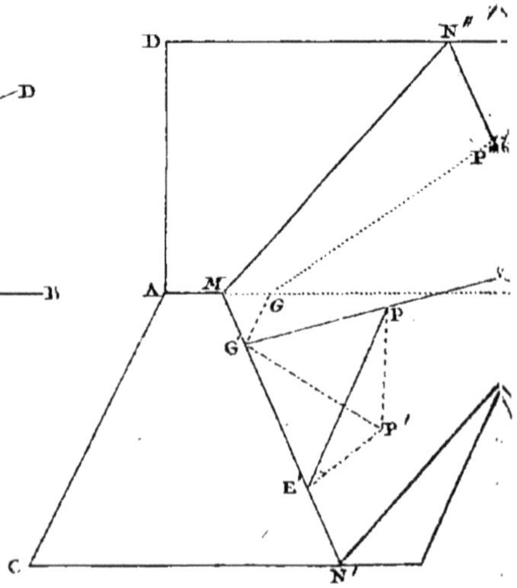

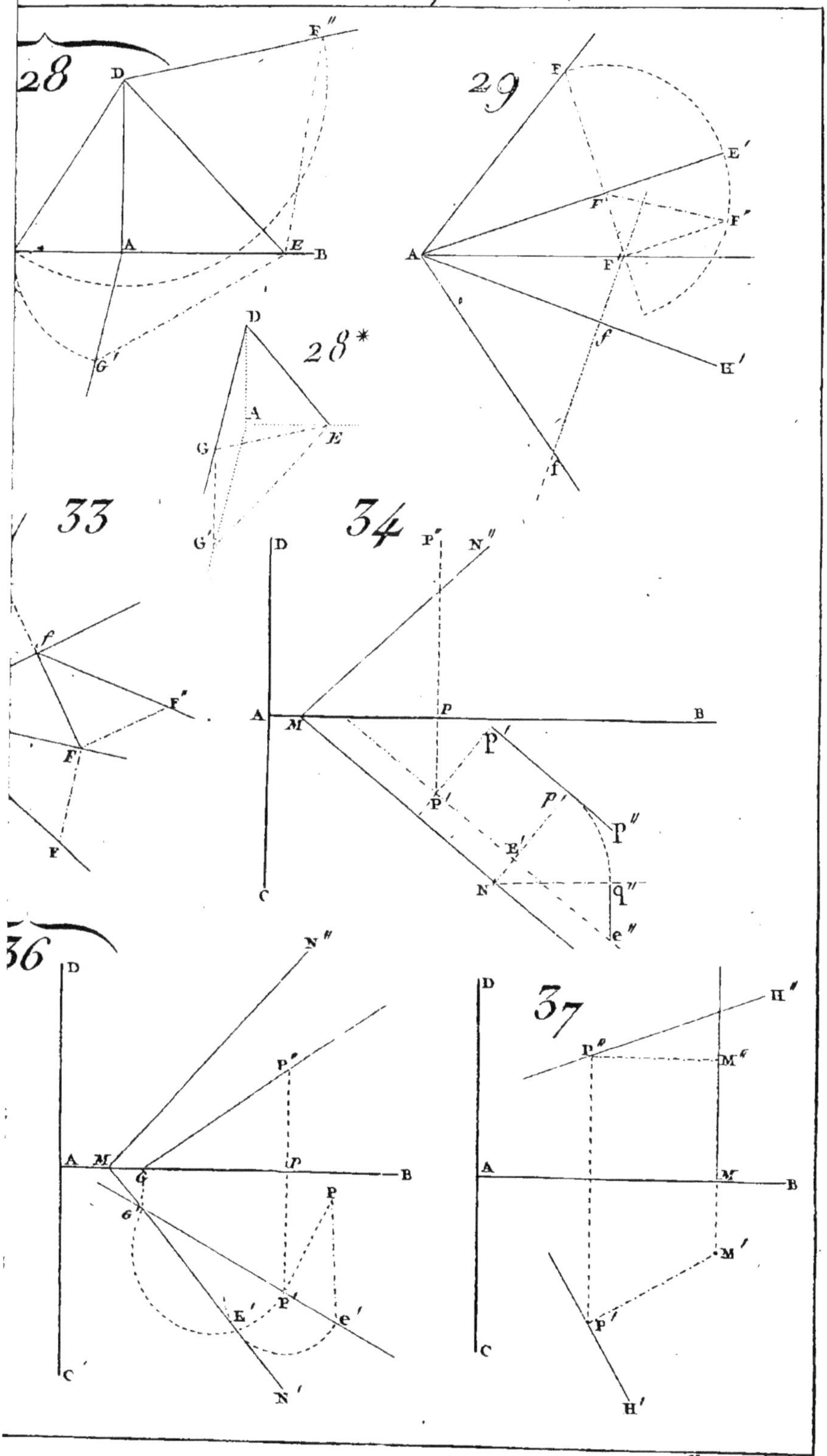

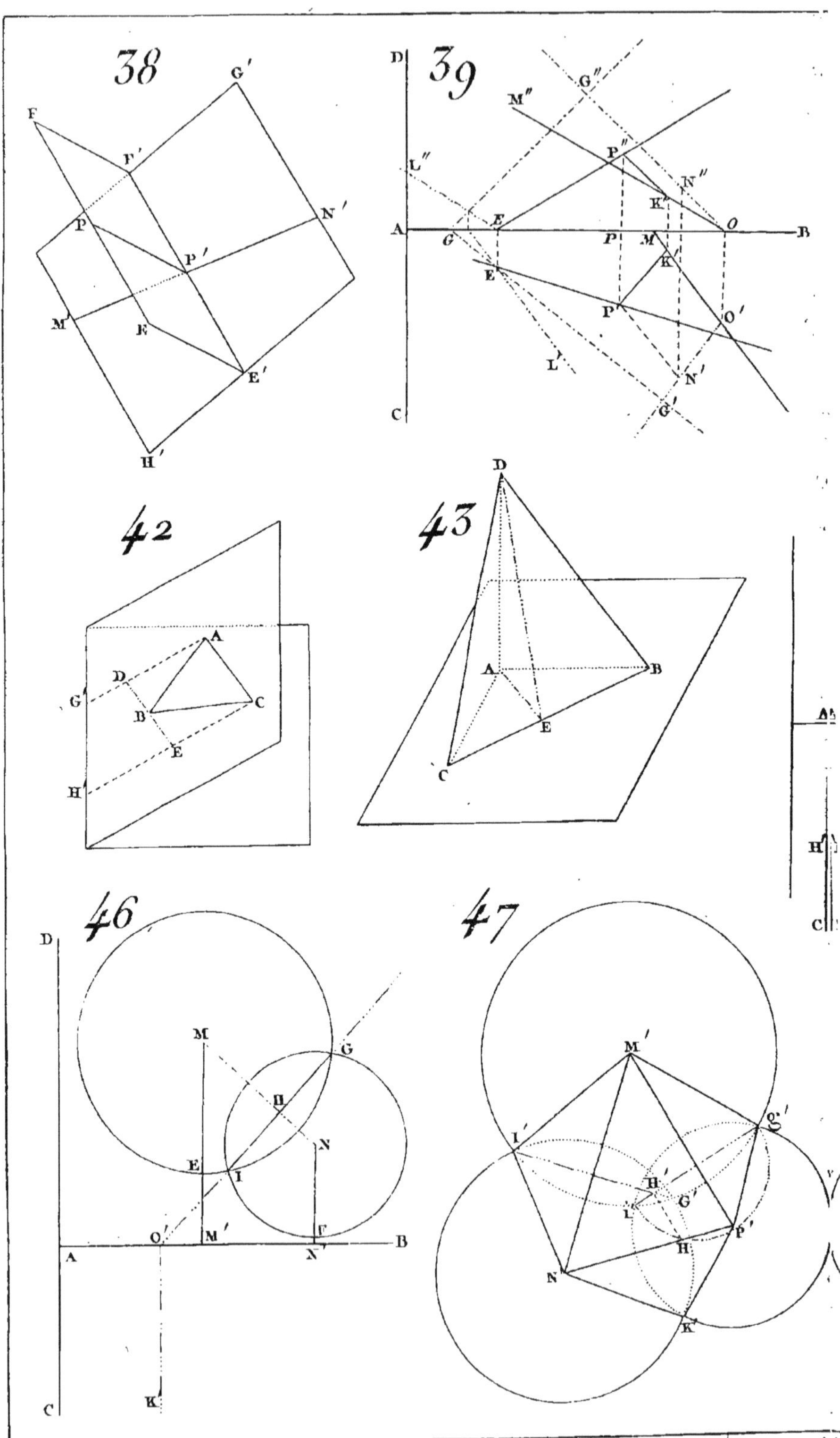

38
39
42
43
46
47

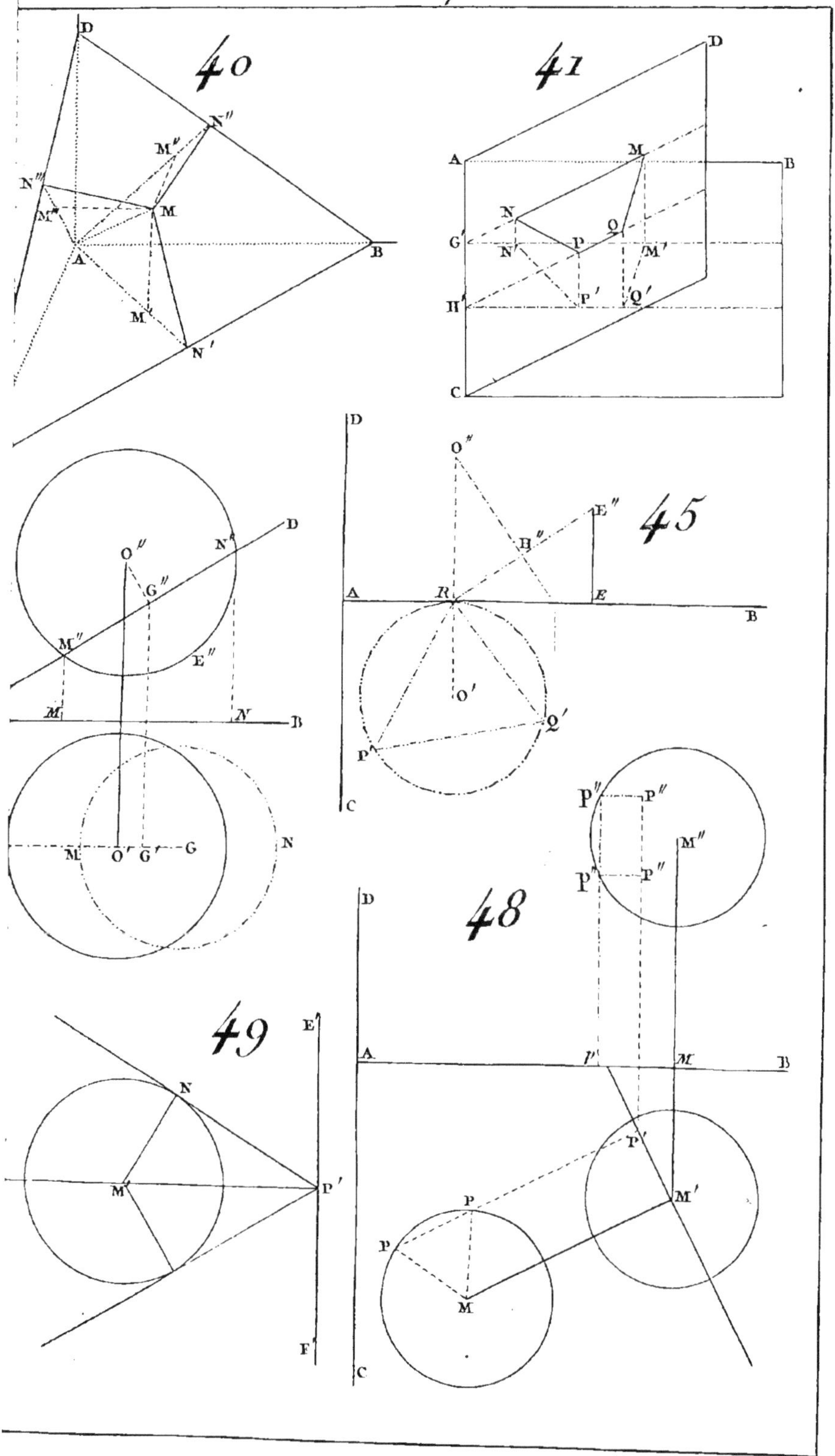

40

41

45

48

49

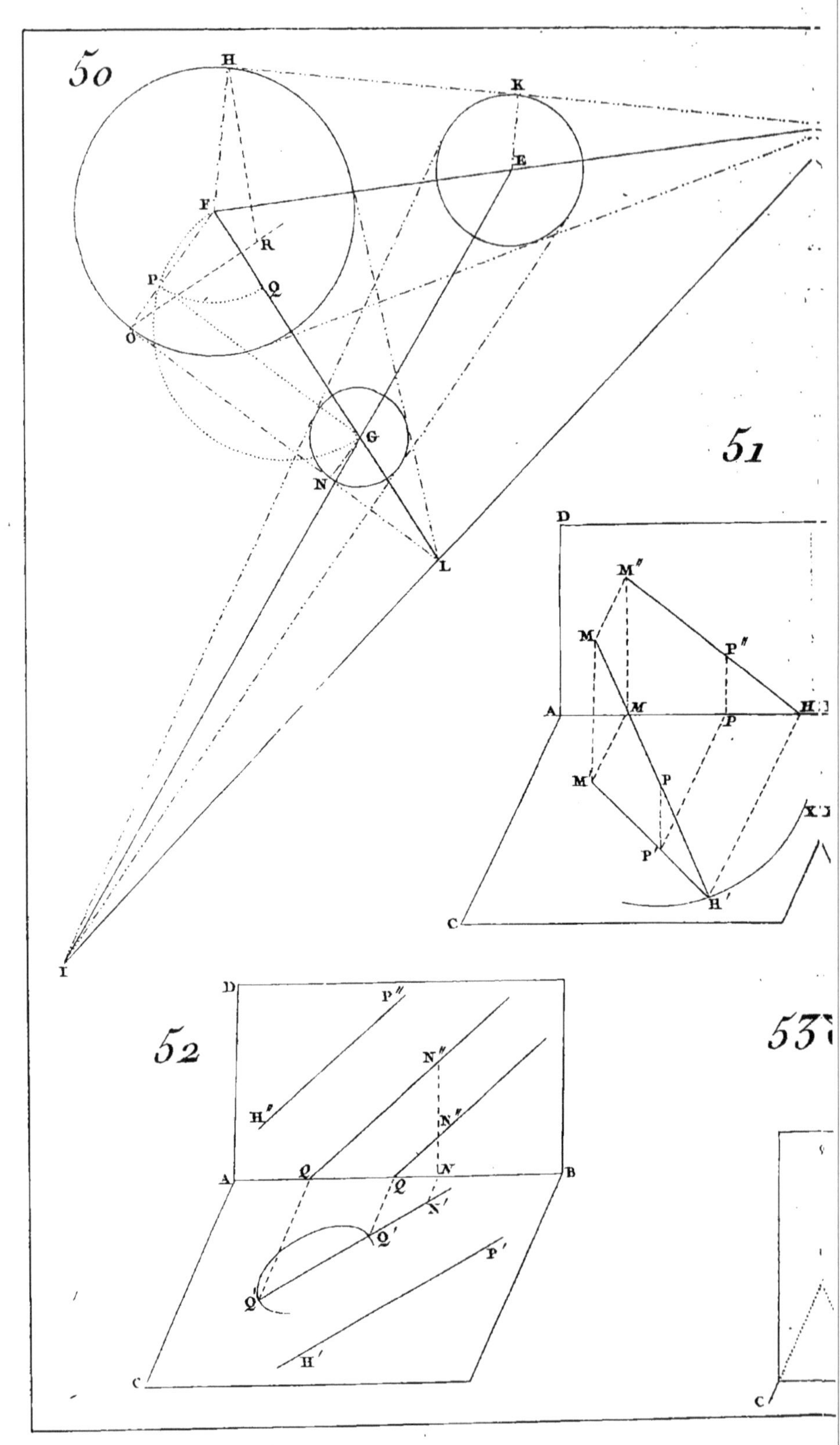

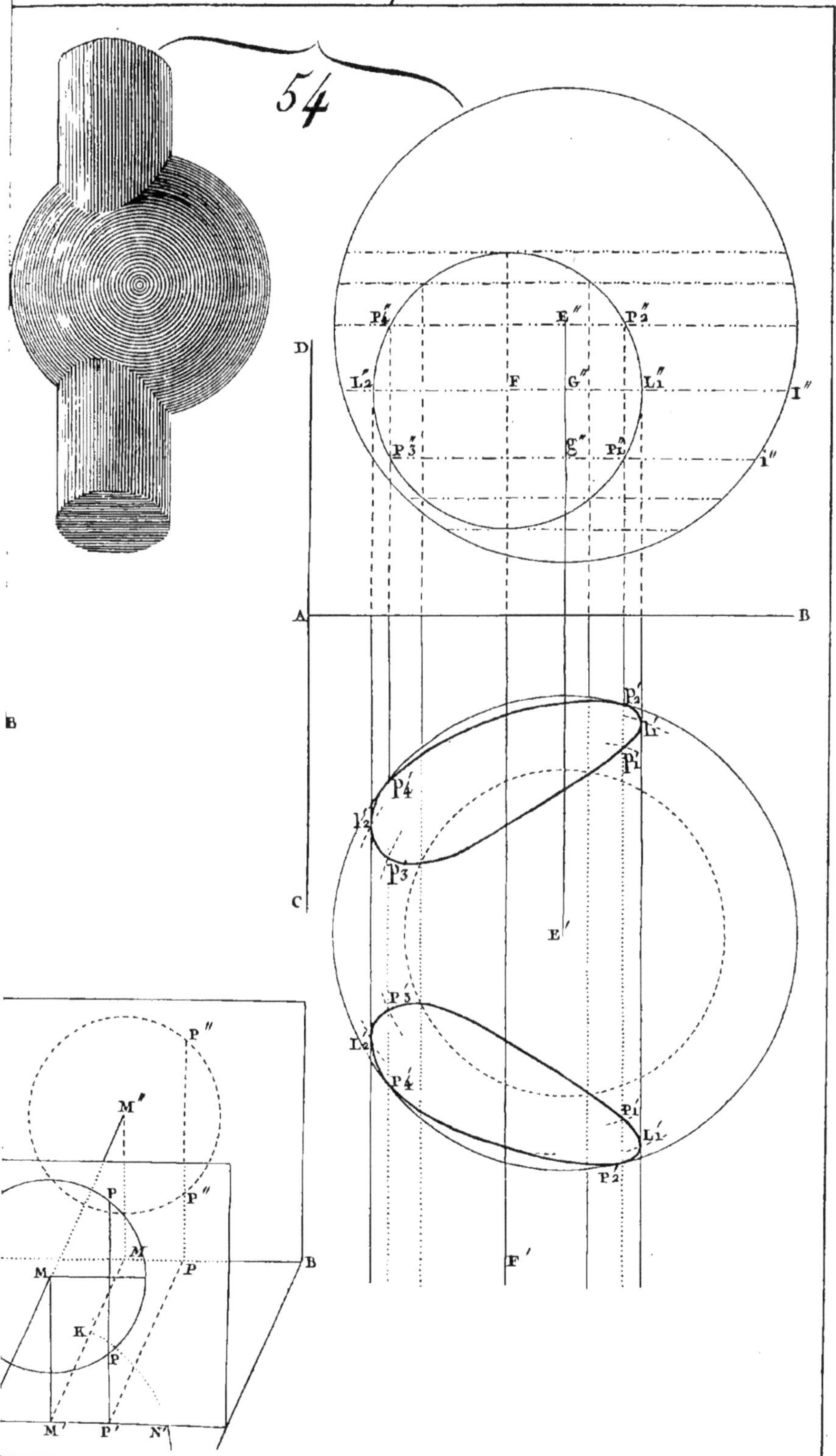


54
D
A
B
C
B
D
E''
P''4
L'2
F
G''
L''1
I''
P''3
g''
P''1
I''
P'2
L'1
P'4
l'2
P'1
P'3
E'
P'3
l'2
P'4
P'1
L'1
P'2
F'
P''
M'
P
P''
M
B
K
P
M'
P'
N'

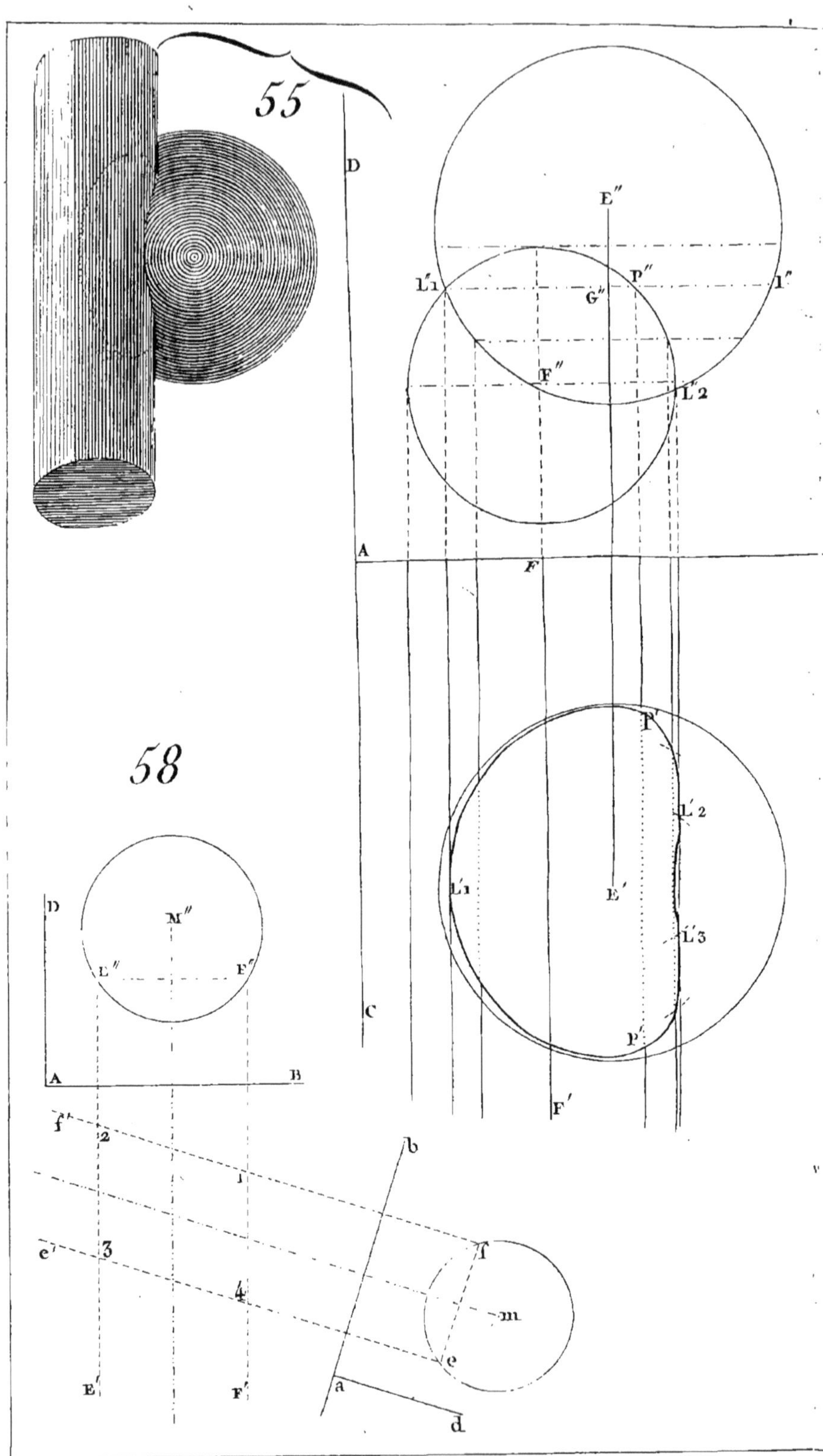
55
D
A
C
E"
L'1
G"
P"
I"
F"
L'2
F
T'
L'2
L'1
E'
L'3
P'
F'
58
D
M"
E"
F"
A
B
f'
2
1
e'
3
4
E'
F'
b
T
m
e
a
d

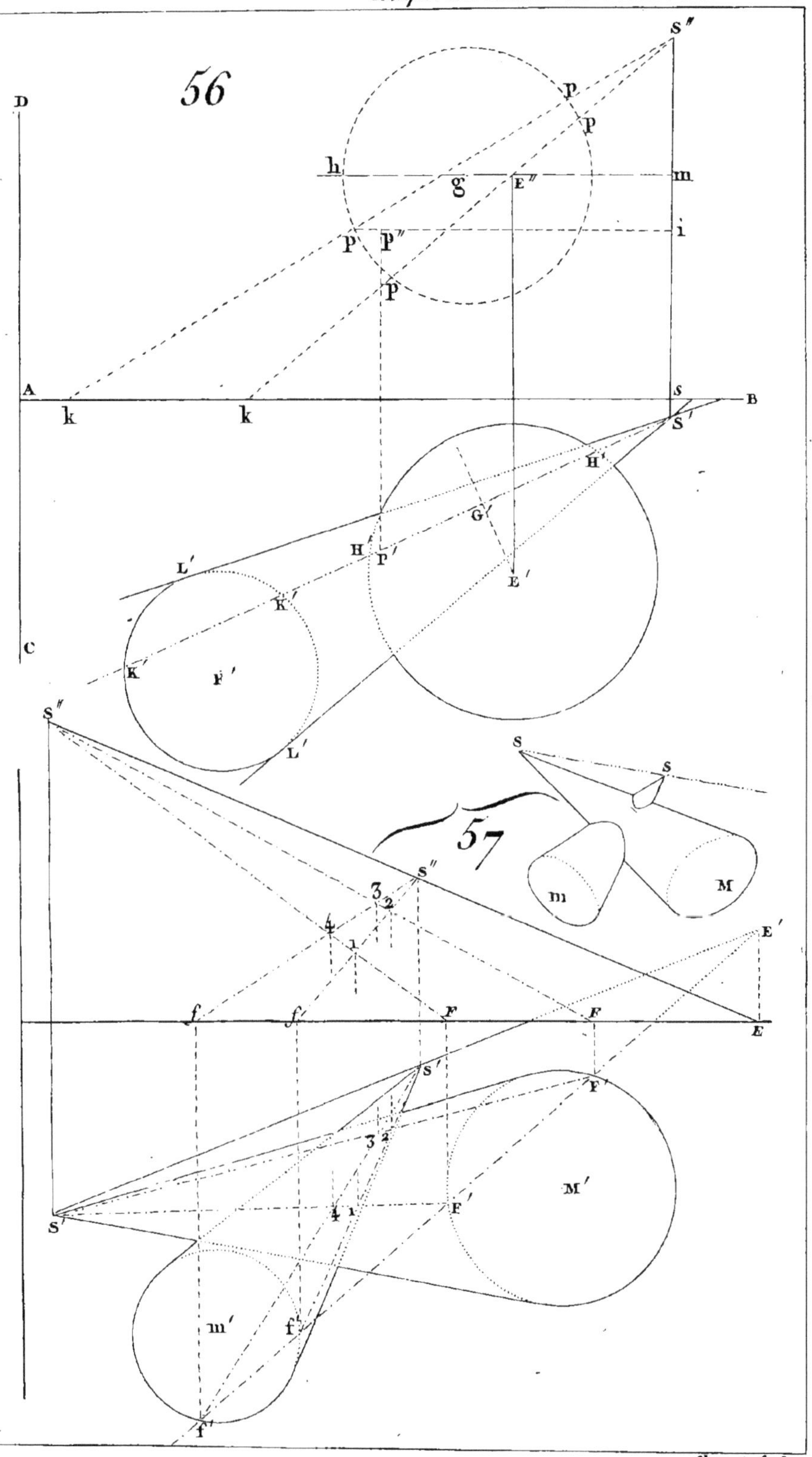
56
D
S"
p
p
h
g
E"
m
i
P"
P"
i
P
A
k
k
s
B
S'
H'
G
L'
H
P'
E'
K'
K
F'
L'
S"
57
S
S
m
M
S"
3
2
4
1
E'
f
f
F
F
E
S'
F'
3
2
M'
4
1
F
S'
m'
f'
f'

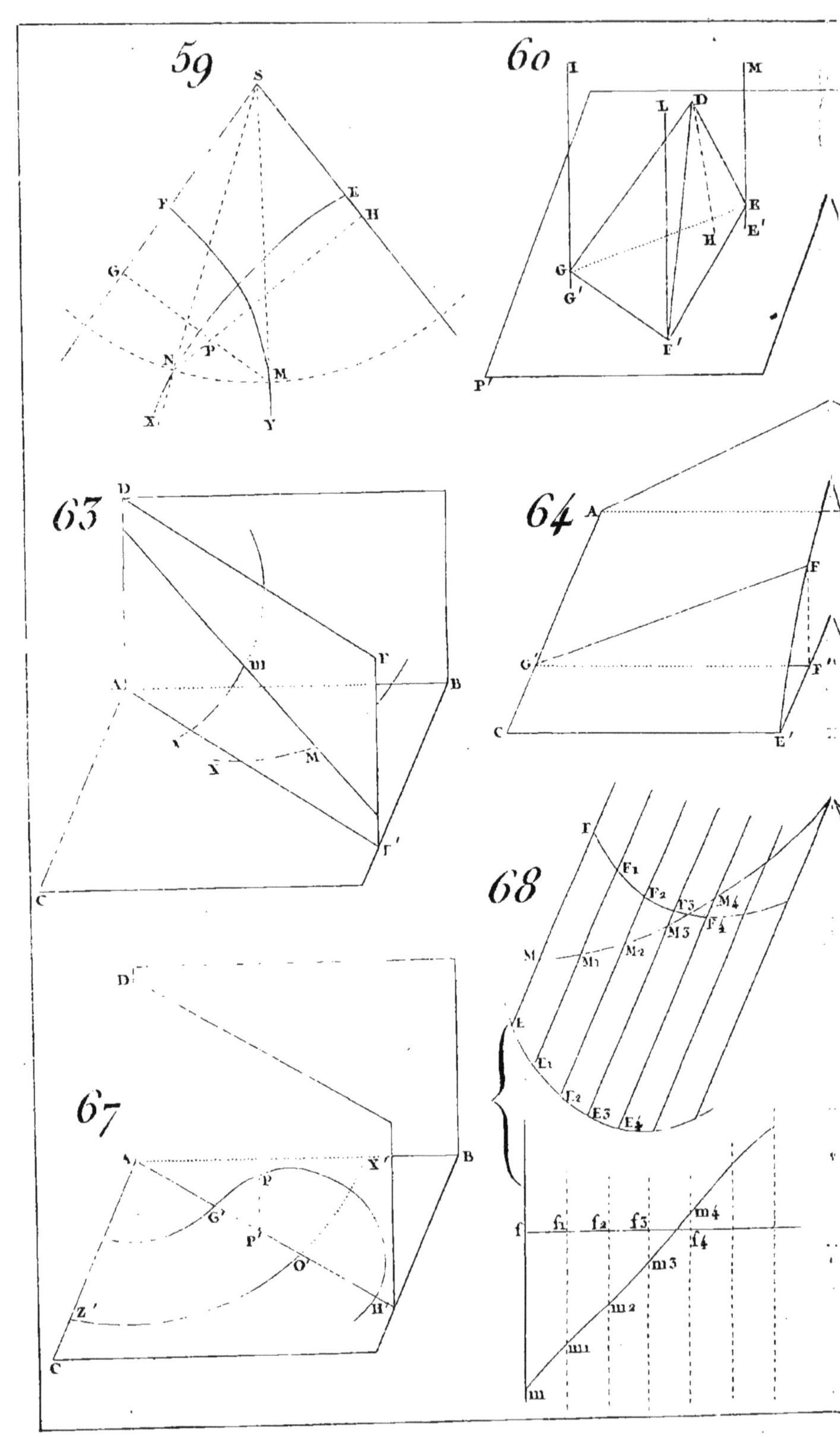

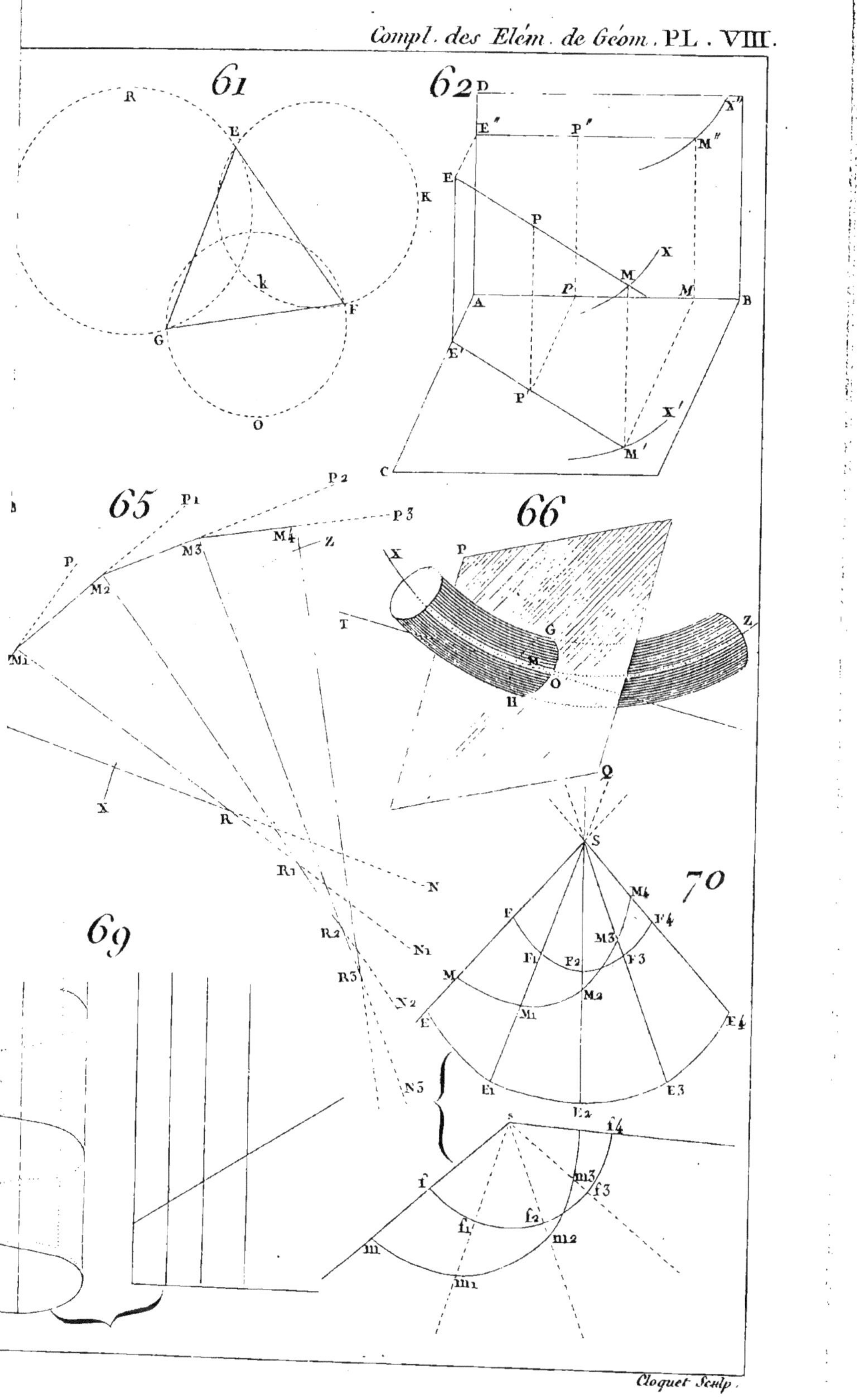

Compl. des Elém. de Géom. PL. VIII.
61
62
65
66
69
70
Cloquet Sculp.

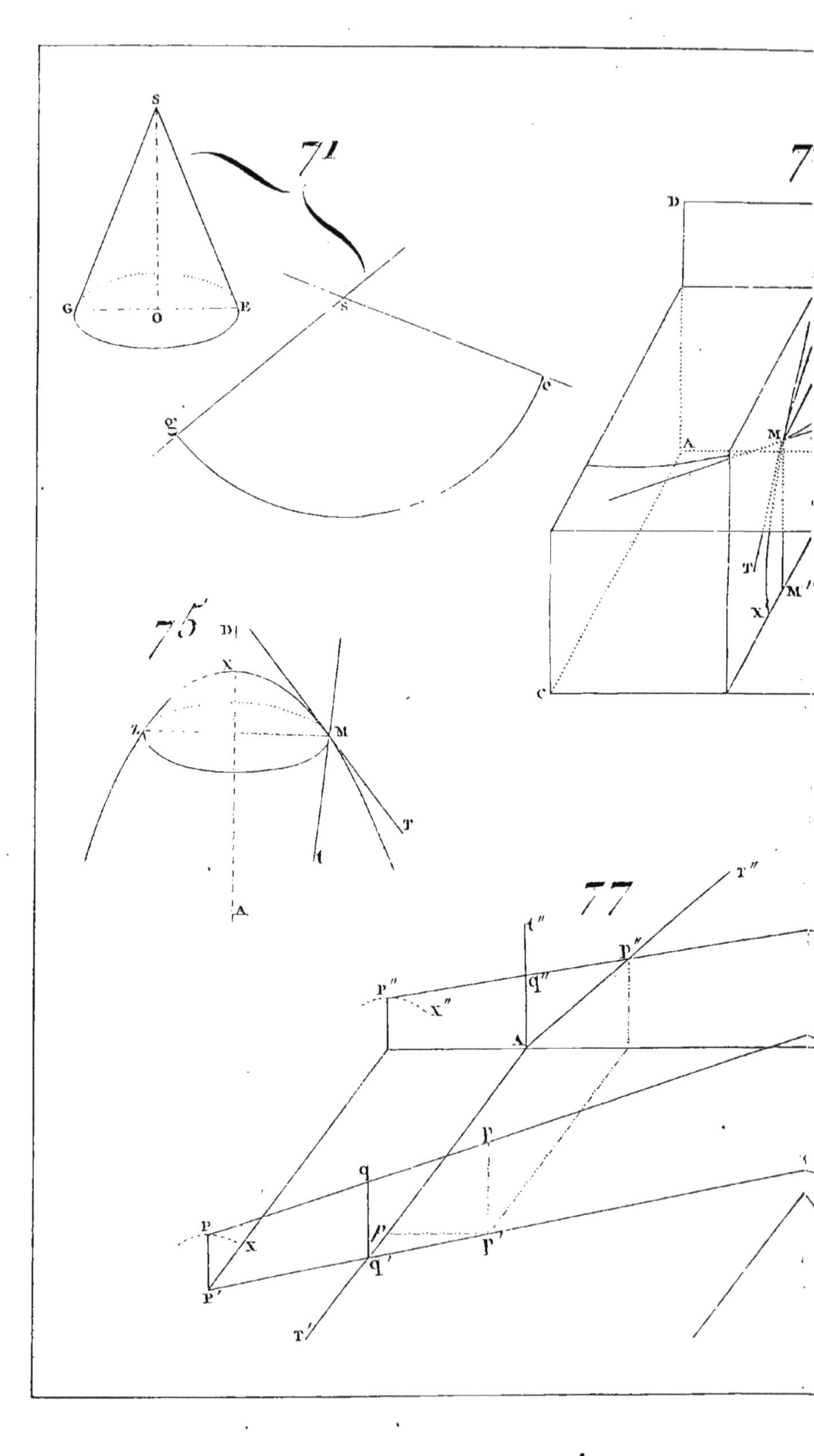

S
G O E
71
s
g'
e
73
D
A M
T'
M''
X
C
75
D
X
L M
A
T
t
77
t''
T''
P''
q''
P''
X''
A
P
P
q
P
P
X
q'
P'
P'
T'

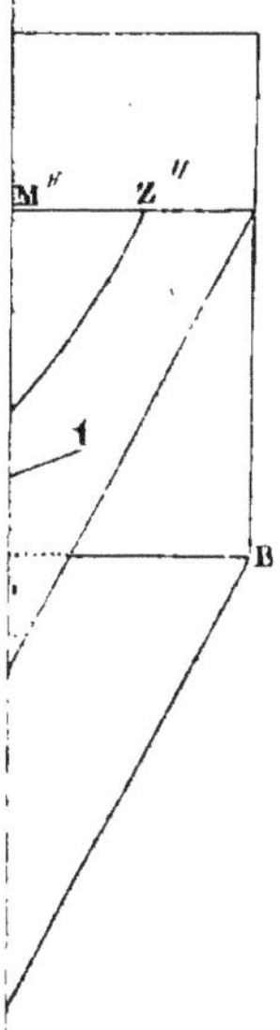

75 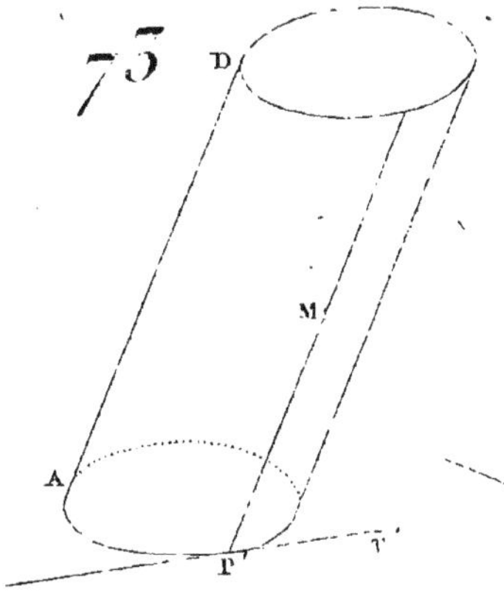
D
M
A
P'
T'
74 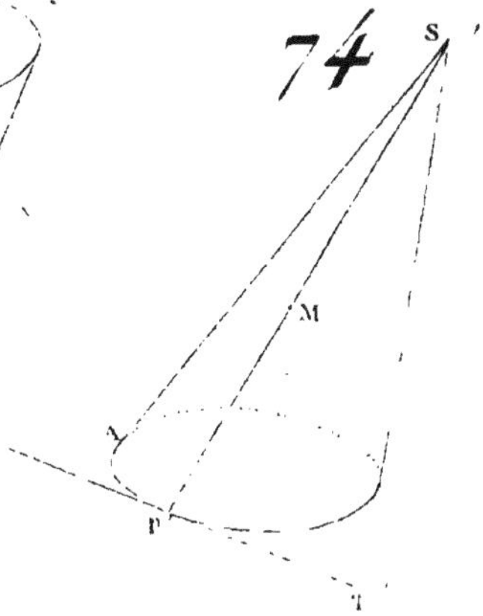
S
M
A
P'
T
76 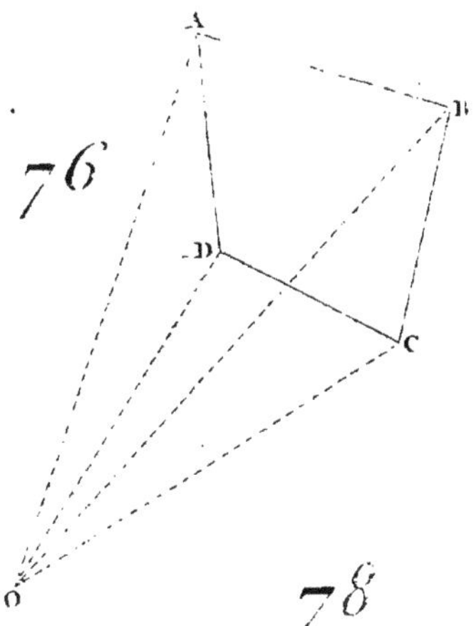 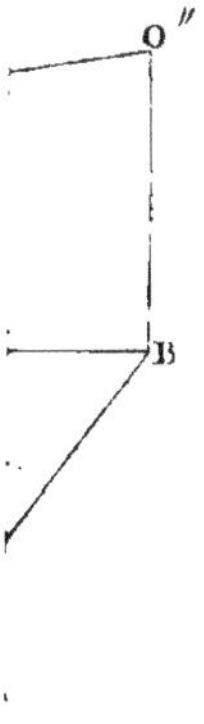
A
B
D
C
O
78
O''
P
P''
T''
O'
P'
T'
P'

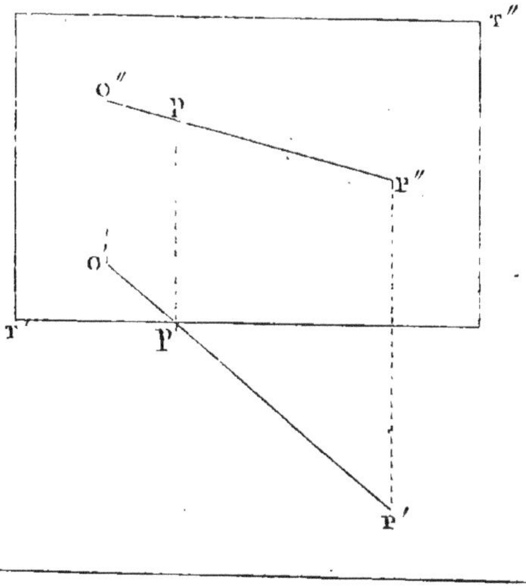

M''
Z''
1
B
O''
B

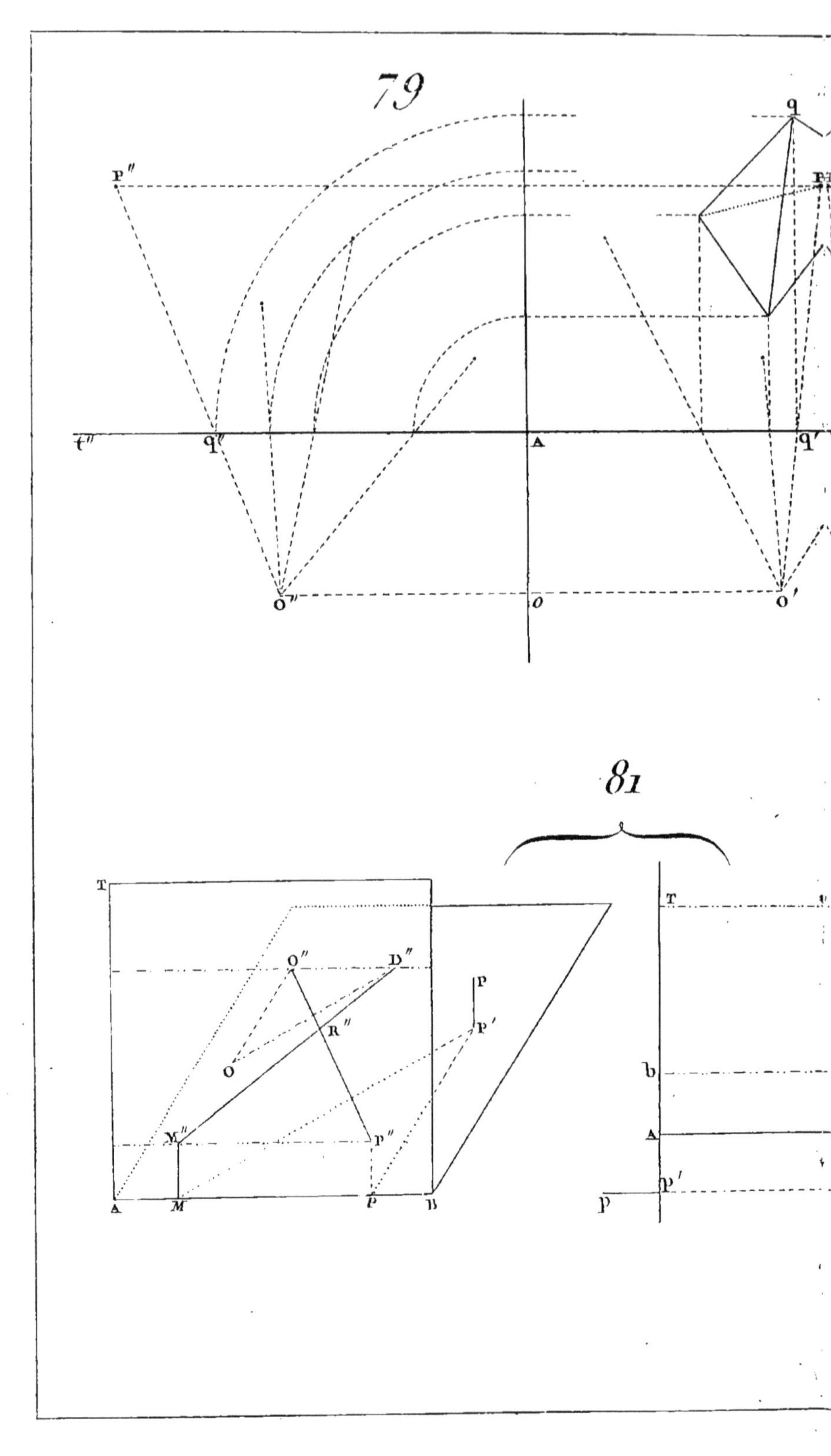
79
81

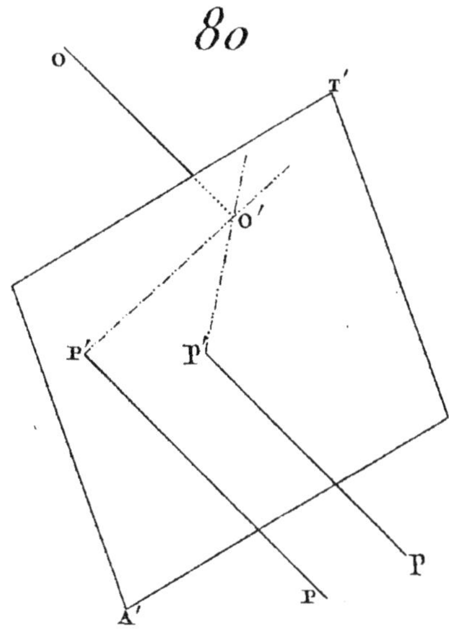


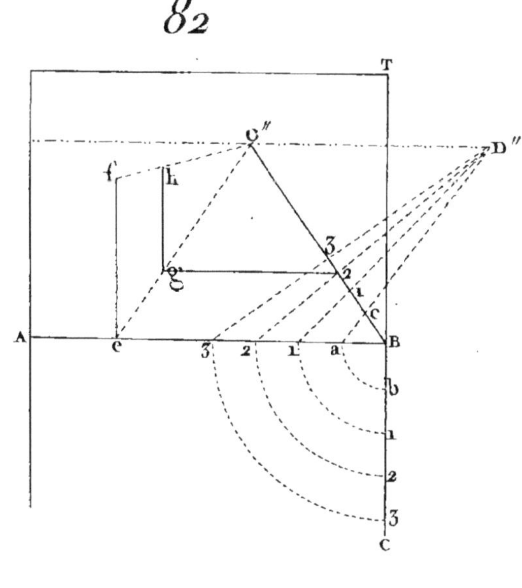


Cloquet Sculp.

www.ingramcontent.com/pod-product-compliance
Ingram Content Group UK Ltd.
Pitfield, Milton Keynes, MK11 3LW, UK
UKHW021526090726
13657UKWH00001B/446